Me

Adobe After Effects 2020
应用培训教材

王琦　主编

张克亮　副主编

人民邮电出版社

北 京

图书在版编目（CIP）数据

Adobe After Effects 2020应用培训教材 / 王琦主编. -- 北京 : 人民邮电出版社，2021.1
ISBN 978-7-115-54896-2

Ⅰ．①A… Ⅱ．①王… Ⅲ．①图像处理软件－技术培训－教材 Ⅳ．①TP391.413

中国版本图书馆CIP数据核字(2020)第180444号

内 容 提 要

本书是Adobe中国授权培训中心官方教材，讲解了After Effects中的实用功能及使用技巧，并用实战案例进一步引导读者掌握软件的应用。

全书以After Effects 2020为基础进行讲解：第1课讲解表达式的创建与链接、表达式的不同类型及表达式控制器的使用；第2课讲解三维图层的创建及三维图层动画的制作方法；第3课讲解摄像机的创建与设置及摄像机动画的制作；第4课讲解灯光的创建与应用、阴影效果的控制及灯光和三维场景的结合；第5课讲解利用Keylight进行蓝绿屏抠像的技巧；第6课讲解如何对拍摄的画面进行跟踪、根据不同的拍摄条件选择合适的跟踪方式、对抖动的画面进行稳定处理及摄像机跟踪的方法；第7课讲解对画面进行色彩校正及进一步通过调色提升画面品质的方法；第8课讲解After Effects的优化及其与其他软件配合工作的基本流程。

每一课的最后都附有练习题作为课后作业，用以检验读者的学习效果。

本书附赠所有课程的讲义，案例的详细操作视频、素材文件、工程文档和结果文件，以便读者拓展学习。

本书适合After Effects的初、中级用户学习使用，也适合作为各院校相关专业和培训班的教材或辅导书。

◆ 主　　编　王　琦
　　副 主 编　张克亮
　　责任编辑　赵　轩
　　责任印制　王　郁　马振武

◆ 人民邮电出版社出版发行　　北京市丰台区成寿寺路 11 号
　　邮编　100164　电子邮件　315@ptpress.com.cn
　　网址　https://www.ptpress.com.cn
　　廊坊市印艺阁数字科技有限公司印刷

◆ 开本：787×1092　1/16
　　印张：16　　　　　　　　　　　2021 年 1 月第 1 版
　　字数：281 千字　　　　　　　　2025 年 2 月河北第 6 次印刷

定价：89.00 元

读者服务热线：(010)81055410　印装质量热线：(010)81055316
反盗版热线：(010)81055315

编委会名单

主　编：王　琦

副主编：张克亮

参　编：毕　盈　秦亚君　靳铭瑶　杨若慧
　　　　　贾　楠　赵立晓　李　倩　宋　雅

编委会：（按姓氏音序排列）
　　　　　陈　鲁（嘉兴学院）
　　　　　郝振金（上海科学技术职业学院）
　　　　　何　颖（上海东海职业技术学院）
　　　　　黄　晶（上海工艺美术职业学院）
　　　　　金　澜（上海工艺美术职业学院）
　　　　　李晓栋（火星时代教育影视学院教学总监）
　　　　　任艾丽（上海震旦职业学院）
　　　　　宋　灿（吉首大学）
　　　　　汤美娜（上海建桥学院）
　　　　　杨　青（上海城建学院）
　　　　　叶　子（上海震旦职业学院）
　　　　　余文砚（广西幼儿师范高等专科学校）
　　　　　张　婷（上海电机学院）
　　　　　周　亮（上海师范大学天华学院）

序

随着移动互联网技术的高速发展，数字艺术为电商、短视频、5G等新兴领域的飞速发展提供了前所未有的强大助力。以数字技术为载体的数字艺术行业，在全球范围内呈现出高速发展的态势，为中国文化产业的再次兴盛贡献了巨大力量。据2019年8月发布的《数字文化产业发展趋势报告》显示，在经济全球化、新媒体融合、5G产业即将迎来大爆发的行业背景下，数字艺术还会迎来新一轮的飞速发展。

行业的高速发展，需要持续不断的"新鲜血液"注入其中。因此，我们要不断推进数字艺术相关行业的职教体系的发展和进步，培养更多能够适应未来数字艺术产业的技术型人才。在这方面，火星时代积累了丰富的经验。作为中国较早进入数字艺术领域的教育机构，自1994年创立"火星人"品牌以来，火星时代一直秉承"分享"的理念，毫无保留地将最新的数字技术，分享给更多的从业者和大学生，无意间开启了中国数字艺术教育元年。26年来，火星时代一直专注数字技能型人才的培养，"分享"也成为我们刻在骨子里的坚持。现在，我们每年都会为行业输送数以万计的优秀技能型人才，教学成果、图书教材和教学案例通过各种渠道辐射全国，很多艺术类院校或相关专业都在使用火星创作的图书教材或教学案例。

火星时代创立初期的主业为图书出版，在教材的选题、编写和研发上自有一套成功经验。从1994年出版第一本《3D studio 3.0-4.0三维动画速成》至今，火星时代已先后出版教材品种超100个，累计销量已过千万。即使在纸质出版图书从式微到复兴的大潮中，火星时代的教学团队也从未中断过在图书出版方面的探索和研究。

"教育"和"数字艺术"是火星时代长足发展的两大关键词。教育具有前瞻性和预见性，数字艺术又因与电脑技术的发展息息相关，一直都奔跑在时代的最前沿。而在这样的环境中，"居安思危、不进则退"成为火星时代发展道路上的座右铭，我们也从未停止过对行业的密切关注，尤其是技术革新带来的对人才需求的新变化。2020年上半年，通过对上万家合作企业和几百所合作院校的最新需求调研，我们发现，对新版本软件的熟练使用，是联结人才供需双方诉求的最佳结合点。因此，我们选择了目前行业需求最急迫、使用最多、版本最新的几大软件，发动具备行业一线水准的火星时代精英讲师，精心编写出这套基于软件实用功能的系列图书。图书内容全面覆盖软件操作的核心知识点，又创新性地搭配了按照章节定义的教学视频、课件PPT、教学大纲、设计资源及课后练习题，非常适合零基础读者，同时还能够很好地满足各大高等专业院校、高职院校的视觉、设计、媒体、园艺、工程、美术、摄影、编导等相关专业的授课需求。

学生学习数字艺术的过程就是攀爬金字塔的过程。从基础理论、软件学习、商业项目实战、专业知识的横向扩展和融会贯通，一步步地进阶到金字塔尖。火星时代在艺术职业教育领域经过26年的发展，已经创造出一整套完整的教学体系，力求帮助学生在成长中的每个阶段都能完成挑战，顺利进入下一阶段。我们出版图书的目的也是如此。这里也由衷感谢人民邮电出版社和Adobe中国授权培训中心对本套图书的大力支持。

美国心理学家、教育家布鲁姆曾说过："学习的最大动力，是对学习材料的兴趣。"希望这套浓缩了我们多年教育精华的图书，能给您带来极佳的学习体验！

王琦

火星时代教育创始人、校长

中国三维动画教育奠基人

Adobe After Effects 是 Adobe 公司推出的一款图形视频处理软件，用于 2D 和 3D 合成、动画制作和视觉特效软件，是基于非线性编辑的软件。该软件适用于与设计和视频特效领域相关的机构，如电视台、动画制作公司、个人后期制作工作室及多媒体工作室等。

Adobe After Effects 可以高效且精确地创建多种引人注目的动态图形和震撼人心的视觉效果。利用该软件与其他 Adobe 软件的紧密集成和高度灵活的 2D、3D 合成方式，以及数百种预设的效果和动画，用户可以为电影、广告、电视包装、MG 动画、特效合成等作品增添令人耳目一新的效果。

本书基于 After Effects 2020 编写，建议读者使用该版本的软件。如果读者使用的是其他版本的软件，也可以正常学习本书所有内容。

内容介绍

第 1 课 "表达式"主要讲解 After Effects 中表达式的添加和链接技巧，以及一些基本函数的使用方法，还讲解表达式控制器的相关内容，使读者能够在动画制作的过程中利用表达式来提高制作效率。

第 2 课 "三维图层"主要讲解 After Effects 中三维图层的创建方法、三维图层的基础属性，以及动画制作过程中不同视图的切换和使用方法，使读者充分了解三维图层的使用技巧。

第 3 章 "摄像机"主要讲解 After Effects 中摄像机的创建方法和摄像机参数的调整方法，重点讲解摄像机的视图操作技巧、景深的调节等知识点。通过本课的学习，读者可以熟练掌握摄像机的运用。

第 4 课 "灯光"主要讲解如何在 After Effects 的虚拟三维空间中手动设置灯光，以模拟真实状态下的空间光影效果。灯光可以用于照亮三维场景并产生投影，也可以匹配合成场景的光照条件创建出有趣的视觉效果。通过本课的学习，读者可以掌握灯光的使用方法。

第 5 课 "Keylight 抠像技术"主要讲解在 After Effects 中如何用 Keylight 插件进行蓝屏或绿屏抠像。Keylight 擅长处理半透明区域和头发等细微的抠像工作，可以精确地控制残留在前景上的蓝幕或绿幕反光。通过本课的学习，读者可以使用 Keylight 技术更快、更简单地完成抠像。

第 6 课 "跟踪和稳定运动"主要讲解在 After Effects 中，跟踪运动和稳定的方法、分类和具体应用，并通过实例演示不同情况下的跟踪技巧和摄像机跟踪的方法。通过本课的学习，读者可以掌握跟踪和稳定运动的使用方法。

第 7 课 "颜色校正"主要讲解在前期拍摄中，当受到自然环境光照或设备等客观因素的影响，画面出现偏色、曝光不足或曝光过度等现象时，如何在 After Effects 中进行校色处理，其中包括使画面更加清晰、色彩更加饱满，主体突出或达到其他的色彩效果。通过本课的学习，读者可以掌握色彩的校正技巧。

第8课 "After Effects的优化与工作流程"主要讲解After Effects的优化技巧和多软件协同工作的工作流程。软件优化可以让After Effects的运行速度更快，空出更多的系统资源供软件支配，以便在更短的时间内完成更多的工作。通过本课的学习，读者可以掌握优化After Effects的方法，并对After Effects 和其他Adobe软件（如 Premiere、Audition、Media Encoder）进行交互使用。

本书特色

本书全面讲解After Effects的基本功能和使用方法，是一本帮助读者从入门到精通的教材。本书在基础知识的讲解中插入实例应用，有助于读者学习和巩固基础知识并提高实战技能。本书内容由浅入深、由简到繁，讲解方式新颖，注重激发读者的学习兴趣和培养读者的动手能力，非常符合读者学习新知识的思维习惯。

本书非常适合After Effects的初、中级读者学习。本书内容循序渐进，有大量的实操案例，能够帮助读者实现从基础入门到进阶提升。本书旨在使读者快速掌握After Effects从基础到高级的各项功能，并能快速地将它们应用于实际制作中。无论是初学者还是行业经验丰富的设计师，都可以通过学习本书中的内容而受益。

附赠资源

本书附赠所有课程的讲义，案例的详细操作视频、素材文件、工程文档和结果文件。登录QQ，搜索群号"1063468801"加入火星时代的After Effects图书售后群，即可获得本书所有资源的下载方式。

二维码

本书针对学习体验进行了精心的设计，会讲解每一个案例的操作要点。读者理解操作原理后，扫描书中对应的二维码即可观看详细的操作教程。

作者简介

王琦：火星时代教育创始人、校长，中国三维动画教育奠基人，北京信息科技大学兼职教授、上海大学兼职教授，Adobe教育专家、Autodesk教育专家，出版"三维动画速成""火星人"等系列图书和多媒体音像制品50余部。

张克亮：现任海南软件职业技术学院动画学院院长，副教授，研究方向为动画创作、视觉艺术、造型设计；曾获2018年国家级职业教育教学成果奖二等奖、海南省高等教育教学成果奖一等奖、海南省高校教师教学大赛一等奖等奖励。

毕盈：火星时代影视特效学院专家级讲师，资深视频设计师，从业16年，有着非常丰富的实践经验；曾参与北京电视台财经频道、中央电视台军事频道、中央电视台争奇斗艳栏目、北京图书馆数字图书馆、腾讯2014年度峰会、本田汽车新品发布会、华为西班牙展厅等影视项目的制作。

秦亚君：火星时代影视特效学院讲师，后期包装设计师；参与并主管2018东风汽车发布会、德国博尔莫斯滚筒、《你好，安怡》等项目。

靳铭瑶：火星时代影视特效学院讲师，视频设计师，具有6年行业经验；曾服务过贵州卫视的家有购物栏目；参与过济南影视频道包装、中国中央电视台《据说过年》、河北卫视《明星同乐会》片头的包装；参与过腾讯游戏、360网络科技发展有限公司MG动画制作，学而思网校宣传片和网课视频的制作。

杨若慧：火星时代影视特效学院讲师，后期包装设计师。曾参与多档知名节目的包装，有5年后期工作经验。

贾楠：火星时代影视特效学院讲师，资深栏目包装设计师，有着9年项目设计工作经验、5年后期包装教学经验；曾参与CCTV6、北京卫视、腾讯、百度、CCTV移动传媒、电影网、海尔集团等的项目。

赵立晓：火星时代影视特效学院高级讲师，资深视频设计师，有着8年影视包装工作经验；曾参加中国中央电视台、四川卫视、石家庄广播电视台等的栏目包装工作，并多次参与阿里巴巴、网易、微软、联想等知名企业的宣传包装项目。

李倩：火星时代影视特效学院讲师，动态图形设计师；专注于广告、电视包装等领域，参与过多家知名广告公司及影视公司的商业项目。

宋雅：火星时代影视特效学院讲师，后期包装设计师；主要从事视频包装设计工作，有3年设计艺术相关的教学经验。

读者收获

学习完本书后，读者可以熟练地操作After Effects，还可以对影视动画制作、电视包装、广告制作、MG动画制作、后期合成、动态视觉设计等工作有更深入的理解。

本书在编写过程中难免存在错漏之处，希望广大读者批评指正。如果读者在阅读本书的过程中有任何建议，都可以发送电子邮件至zhaoxuan@ptpress.com.cn联系我们。

编者

2020年10月

课程名称	Adobe After Effects 2020应用培训			
教学目标	使学生掌握After Effects 2020的软件使用，并能够使用软件创作不同风格类型的动态图像设计作品			
总课时	24	总周数	6	
课时安排				
周次	建议课时	教学内容	单课总课时	作业
1	4	表达式（本书第1课）	4	1
2	4	三维图层（本书第2课）	4	1
3	4	摄像机（本书第3课）	4	1
4	2	灯光（本书第4课）	2	1
	2	Keylight抠像技术（本书第5课）	4	1
5	2			
	2	跟踪和稳定运动（本书第6课）	2	1
6	3	颜色校正（本书第7课）	3	1
	1	After Effects的优化与工作流程（本书第8课）	1	1

本书用课、节、知识点、案例、二维码和本课练习题对内容进行了划分。

课　每课将讲解After Effects具体的功能或项目。

节　将每课的内容划分为几个学习任务。

知识点　将每节的内容划分为几个知识点进行讲解。

案例　对该课或该节知识进行实战练习。

二维码　使用书和视频配合学习，可以达到更好的效果。书中含有大量二维码，读者扫描二维码即可观看视频。

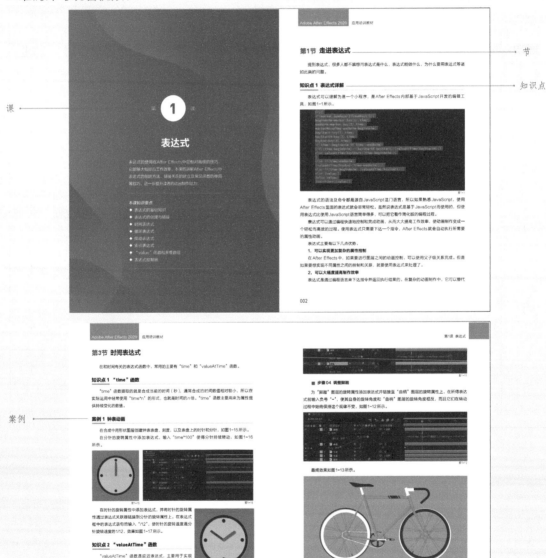

本课练习题 每课课后都设置了本课练习题，以帮助读者复习和巩固所学知识。本课练习题主要包括选择题和操作题等题型，并且题后附有参考答案和重要思路的提示，使读者在复习巩固基本知识的同时，还能应用所学的知识进行实践。

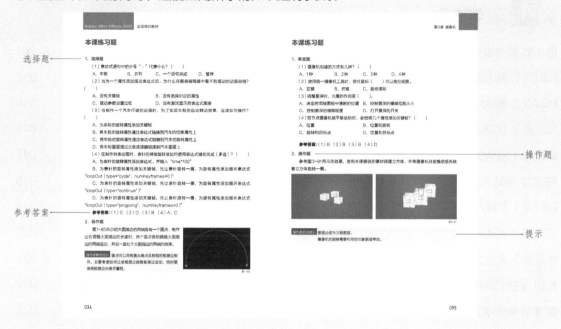

Windows版和Mac版的区别

本书内容的讲解和视频的录制均是基于Windows版的After Effects 2020进行的，Windows版和Mac版的After Effects在功能上是完全相同的，但在使用过程中，Mac版的用户需要注意快捷键的差异。凡是本书中使用"Ctrl键"时，Mac版的用户均需要将其替换为"Command键"，在使用"Alt键"时，均需要将其替换为"Option键"。在安装插件时，Mac版的用户需要购买Mac版的插件进行安装和使用。

资源获取

本书附赠所有课程的讲义，案例的详细操作视频、素材文件、工程文档和结果文件。登录QQ，搜索群号"1063468801"加入火星时代的"After Effects图书售后群"，即可获得本书所有资源的下载方式。

目录

第 1 课 表达式

第 2 课 三维图层

第 3 课　摄像机

第 4 课　灯光

第 5 课　Keylight 抠像技术

目录

第 6 课 跟踪和稳定运动

第 7 课 颜色校正

第 8 课 After Effects 的优化与工作流程

第 **1** 课

表达式

表达式的使用在After Effects中是相对高级的技巧，它能够大幅提高工作效率。本课将讲解After Effects中表达式的创建方法、链接关系的建立及常见函数的使用等技巧，进一步提升读者的动画制作能力。

本课知识要点

◆ 表达式的基础知识

◆ 表达式的创建与链接

◆ 时间表达式

◆ 循环表达式

◆ 摆动表达式

◆ 索引表达式

◆ "value"函数和多维数组

◆ 表达式控制器

第1节 走进表达式

提到表达式，很多人都不禁想问表达式是什么，表达式能做什么，为什么要用表达式等诸如此类的问题。

知识点 1 表达式详解

表达式可以理解为是一个小程序，是After Effects内部基于JavaScript开发的编辑工具，如图1-1所示。

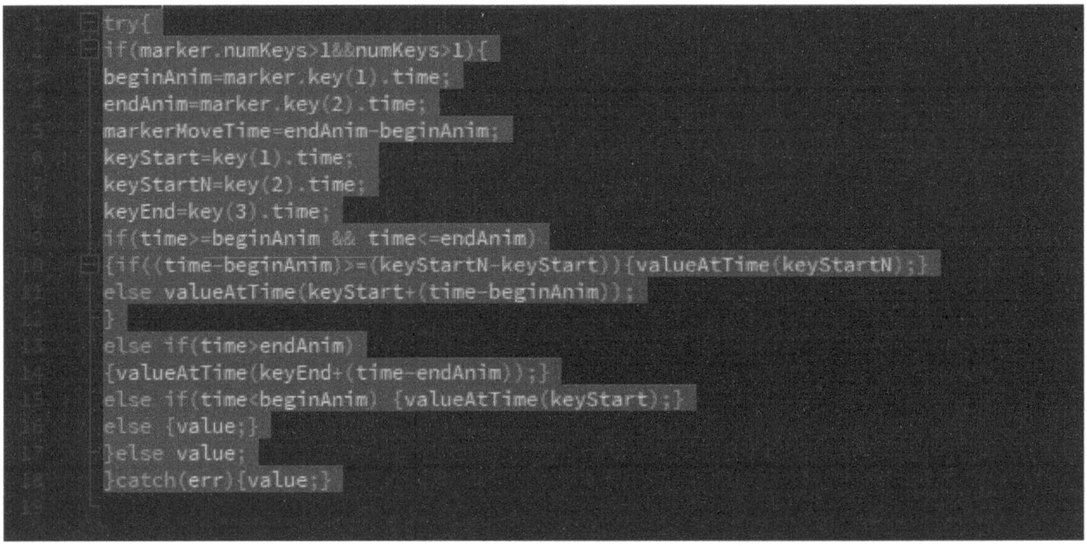

```
try{
if(marker.numKeys>1&&numKeys>1){
beginAnim=marker.key(1).time;
endAnim=marker.key(2).time;
markerMoveTime=endAnim-beginAnim;
keyStart=key(1).time;
keyStartN=key(2).time;
keyEnd=key(3).time;
if(time>=beginAnim && time<=endAnim)
{if((time-beginAnim)>=(keyStartN-keyStart)){valueAtTime(keyStartN);}
else valueAtTime(keyStart+(time-beginAnim));
}
else if(time>endAnim)
{valueAtTime(keyEnd+(time-endAnim));}
else if(time<beginAnim) {valueAtTime(keyStart);}
else {value;}
}else value;
}catch(err){value;}
```

图1-1

表达式的语法及命令都是源自JavaScript这门语言，所以如果熟悉JavaScript，使用After Effects里面的表达式就会非常轻松。虽然说表达式是基于JavaScript而使用的，但使用表达式比使用JavaScript语言简单得多，可以把它看作简化版的编程过程。

表达式可以通过编程快速地控制和完成动画，从而大大提高工作效率，使动画制作变成一个轻松而高效的过程。使用表达式只需要下达一个指令，After Effects就会自动执行所需要的属性动画。

表达式主要有以下几点优势。

1．可以实现更加复杂的属性控制

在After Effects中，如果要进行图层之间的动画控制，可以使用父子级关系完成。但是如果要想实现不同属性之间的控制和关联，就要使用表达式来处理了。

2．可以大幅度提高制作效率

表达式是通过编程语言来下达指令并返回执行结果的。在复杂的动画制作中，它可以替代很多烦琐的人工操作，极大地提高制作效率。

知识点 2 表达式和脚本的区别

脚本是一种和软件对话的语言，通常脚本的功能会更丰富，而且还会通过设计好的操作界面把很多功能整合在一起，像一个小型的软件。表达式通常只负责单一层图甚至单一属性的控制，功能相对简单。

脚本可以简单地被理解为很多表达式功能的整合结果，如图1-2所示。

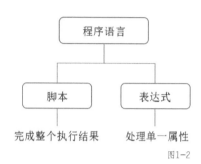

图1-2

知识点 3 学习表达式需要的基础

学习表达式主要需要具有几下几点基础。

（1）较好的英语基础，可以更容易理解表达式的工作原理。

（2）较好的数学基础，尤其是函数、几何方面的基础，以便理解如何利用数学知识达到目标。

（3）简单的Java编程基础，虽然不必像程序员一样，但是编程基础有助于书写规范，降低出错的概率。

（4）After Effects基础知识，在动画制作过程中能够更加充分地发挥表达式的作用。

> **提示** 零基础读者也可以学习使用表达式，因为表达式提供了非常友好的关联器、基本的表达式语言及修改关键值等功能，使得初学者也可以很容易上手。

知识点 4 表达式的书写规范

使用表达式时需要注意以下几点书写规范。

（1）在书写表达式时，要区分大小写。例如Layer和LAYER会被系统认为是完全不同的两个东西。

（2）虽然表达式中可以加入中文，但是在其书写过程中应尽量使用英文，这样表达式和脚本才能被系统更好地兼容，同时也更美观。

（3）使用英文输入法书写表达式时，一些中文标点是不被系统认可的。

（4）表达式的语法是忽略空格和换行的，空格和换行只为了方便阅读。

（5）在书写表达式时，语句末尾用分号"；"隔开，代表该语句书写完成，否则后面的内容会被认为是接着前面写的。

第2节 表达式的创建与链接

在After Effects中使用表达式时，首先要选择相应的属性进行表达式创建。

知识点 1 创建方法

在时间轴面板中选择某个属性，并执行"动画 – 添加表达式"命令，如图1-3所示，或按快捷键Shift+Alt+=。

按住Alt键，在时间轴面板或效果控件面板中单击属性名称左侧的码表。

知识点 2 表达式面板

为属性创建表达式后，创建表达式的属性下方会呈现图1-4所示的表达式面板。

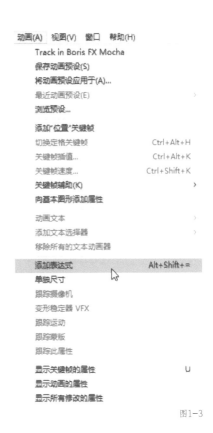

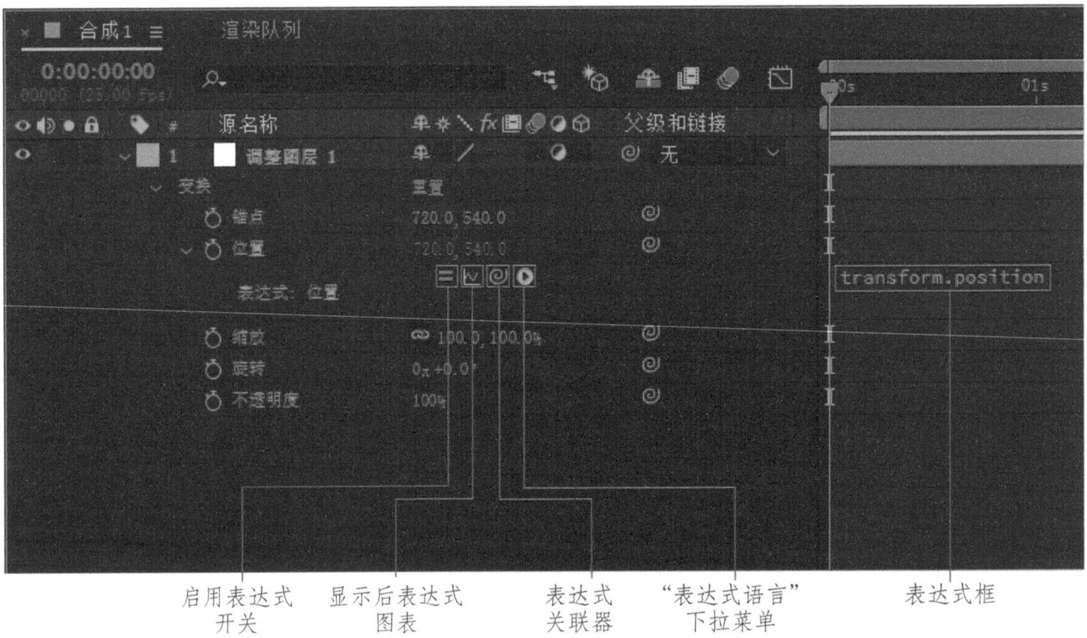

图1-3

启用表达式　　显示后表达式　　表达式　　"表达式语言"　　表达式框
开关　　　　　图表　　　　关联器　　下拉菜单

图1-4

知识点 3 表达式链接

表达式的高度灵活性体现在：在After Effects中，表达式可以在不同图层及不同属性之间建立链接，从而达到控制动画的目的。

　　建立表达式链接的方式是：选中需要建立链接的属性，按住Alt键并单击该属性左侧的码表建立表达式，然后将表达式关联器拖曳至其他属性，使得两个属性建立表达示链接，如图1-5所示。

　　例如将图1-6所示五角星的旋转属性，通过建立表达式链接的方式链接至小圆的位置属性上，这样当小圆做横向的位置变化时，五角星也会产生旋转动画。

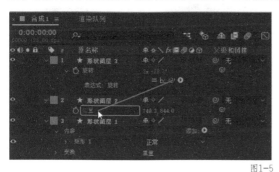

图1-5　　　　　　　　　　　　　　　　　　　　　　　　　　图1-6

案例　表达式链接练习

　　下面将通过自行车动画实例的制作过程来演示表达式链接在动画控制中的应用。

■ 步骤01　导入素材

　　在本课素材包中找到"自行车.psd"文件，并将其导入，在弹出的对话框中选择导入种类为"合成－保存图层大小"，使素材保持分层并自动将中心点对齐图形中心，After Effects将自动创建名为"自行车"的合成，如图1-7所示。

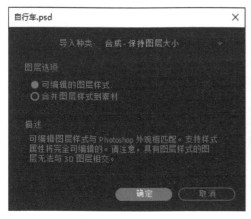

图1-7

■ 步骤02　调整素材

　　双击打开"自行车"合成，利用工具栏中的轴心点移动工具的对齐功能将"前轮""后轮""脚踏"图层的轴心点分别调至各自图层中心，如图1-8所示。

图1-8

将"脚踏"和"牙盘"图层通过父子连接关联器链接到"曲柄"图层上，作为"曲柄"图层的子级，如图1-9所示。

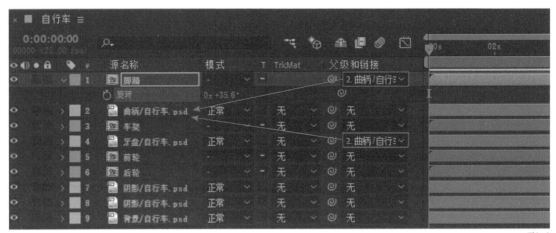

图1-9

■ 步骤03 链接属性

为"曲柄"图层的旋转属性添加关键帧，设置旋转动画，使其持续旋转并带动"脚踏"图层和"牙盘"图层一同转动。为"前轮"图层和"后轮"图层的旋转属性分别添加表达式，将旋转属性链接到"曲柄"图层的旋转属性上，使"前轮"图层和"后轮"图层跟随"曲柄"图层转动，如图1-10所示。

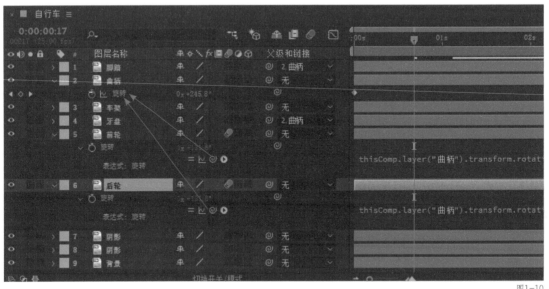

图1-10

在"前轮"图层和"后轮"图层的旋转属性表达式后输入"*2"，使"车轮"图层的转速变成"曲柄"图层转速的两倍，如图1-11所示。

图1-11

■ 步骤04 调整脚踏

为"脚踏"图层的旋转属性添加表达式并链接至"曲柄"图层的旋转属性上，在所得表达式前输入负号"-"，使其自身的旋转角度和"曲柄"图层的旋转角度相反，而且它们在转动过程中始终保持这个规律不变，如图1-12所示。

图1-12

最终效果如图1-13所示。

图1-13

至此，本案例已讲解完毕。请扫描图1-14所示二维码观看本案例详细操作视频。

图1-14

第3节 时间表达式

在和时间有关的表达式函数中，常用的主要有"time"和"valueAtTime"函数。

知识点 1 "time"函数

"time"函数提取的就是合成当前的时间（秒），通常合成的时间数值相对较小，所以在实际运用中经常使用"time*n"的形式，也就是时间的 n 倍。"time"函数主要用来为属性提供持续变化的数值。

案例 1 钟表动画

在合成中用形状图层创建钟表表盘、刻度，以及表盘上的时针和分针，如图1-15所示。

在分针的旋转属性中添加表达式，输入"time*100"使得分针持续转动，如图1-16所示。

图1-15

图1-16

在时针的旋转属性中添加表达式，并将时针的旋转属性通过表达式关联器链接到分针的旋转属性上。在表达式框中的表达式语句后输入"/12"，使时针的旋转速度是分针旋转速度的1/12，效果如图1-17所示。

知识点 2 "valueAtTime"函数

"valueAtTime"函数是延迟表达式，主要用于实现错帧动画效果。

为需要制作延迟动画的属性添加表达式时，可在"表达式语言"下拉菜单中执行"Property-valueAtTime（t）"命令，如图1-18所示。表达式语句结构如图1-19所示。

图1-17

图1-18

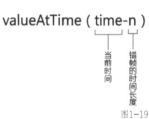

valueAtTime (time-n)

当前时间　　错帧的时间长度

图1-19

案例 2　钟摆动画

绘制一个摆锤形状，将图层重命名为"钟摆"，将"钟摆"图层的中心点上移至图层顶部。调节其旋转属性并添加关键帧，制作摆锤左右摆动的动画。选中所有关键帧，按快捷键F9使动画缓动，效果如图1-20所示。

选中"钟摆"图层，按快捷键Ctrl+D进行复制，在复制得到的图层中选中旋转属性，为其添加表达式，并在"表达式语言"下拉菜单中执行"Property-valueAtTime（t）"命令。在表达式框中将语句改写为"valueAtTime（time-0.1）"，如图1-21所示。

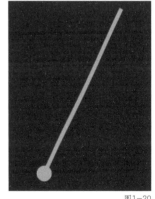

图1-20

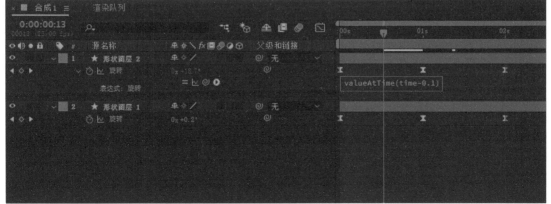

图1-21

该图层的旋转属性值会自动取0.1秒之前的数值，从而完成错帧的效果，如图1-22所示。

选中"钟摆"图层，按快捷键Ctrl+D 3次，在得到的每个图层的旋转属性表达式的语句"valueAtTime（time-0.1）"中，将"（ ）"中的内容依次修改为"time-0.2""time-0.3""time-0.4"，制作出连续错帧的动画效果，如图1-23所示。

图1-22

图1-23

完成钟摆动画错帧后，产生了非常有韵律感的摆动动画，最终效果如图1-24所示。

第4节 循环表达式

当动画中需要出现不断重复的动作时，通常的方法是对关键帧进行复制粘贴，但是这种方法不但效率低，得到的结果也往往不够精确。这时如果使用循环表达式来处理将事半功倍。

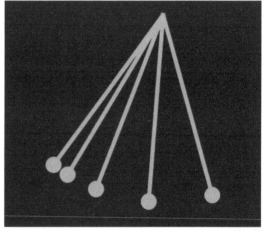

图1-24

提示 循环表达式的使用前提是必须有关键帧动画，循环相当于将已有的关键帧动画进行重复播放。

知识点 1 添加循环表达式的方法

为需要制作循环动画的属性添加表达式，在"表达式语言"下拉菜单中执行"Property-loopOut（type="cycle"，numkeyframes=0"命令即可，如图1-25所示。

提示 loopOut和loopIn的区别。
loopOut是指向时间轴的右侧进行循环，即在将来的时间内进行循环；而loopIn是指向时间轴的左侧进行循环，即在过去的时间内循环。

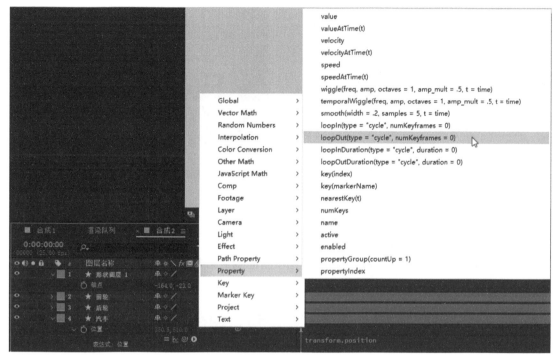

图1-25

知识点 2　循环语句解读

循环表达式语句结构如图1-26所示。

常用的循环类型包括3种："cycle"（周期型）、"pingpong"（弹动型）和"continue"（持续型）。这3种类型的循环会在后面的案例中分别进行讲解。

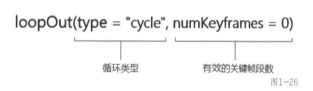

图1-26

有效的关键帧段数是指循环从图层的最后一个关键帧开始，一直播放到图层的出点。要循环的片段由"numKeyframes"值决定。

"numKeyframes"值是用来确定循环全部关键帧中的倒数几段的，例如"numKeyframes = 3"为循环倒数3段关键帧动画，"numKeyframes = 0"为循环全部关键帧。

知识点 3　3种循环类型

下面通过实例来讲解3种不同类型的循环。

在本课素材包中找到并打开"循环源文件.aep"文件，得到图1-27所示的卡通风格场景。

1."cycle"（周期型）

"cycle"是默认的循环类型，作用是重复指定段的动画，效果相当于单纯的循环播放。

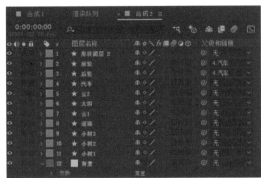

图1-27

■ 步骤01 制作太阳光动画

展开形状图层"太阳",执行"内容-形状1-修剪路径"命令。在第0帧处为修剪路径效果的开始和结束属性添加关键帧,将时间指示器拖曳至第10帧处,将开始和结束值都调至"100%",完成阳光发散动画,如图1-28所示。

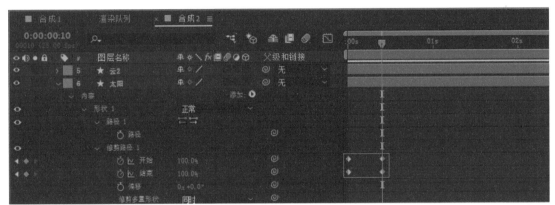

图1-28

在时间轴面板中的第18帧处,分别单击开始和结束属性左侧的"在当前时间添加和移除关键帧"按钮，为动画插入定帧,使动画过程中间停止。

■ 步骤02 循环太阳光动画

分别为修剪路径效果的开始和结束属性添加表达式,单击"表达式语言"按钮执行"Property-loopOut（type="cycle"，numkeyframes=0"命令,效果如图1-29所示。

2."pingpong"（弹动型）

"pingpong"的循环方式是重复指定段,并向前和向后交替。

其效果相当于"正向+反向"的循环播放,通常用来实现往复运动的效果。在本例中,云彩和小树的运动就是这种往复运动。

■ 步骤01 制作小树动画

选中"小树1"图层,执行"效果-扭曲-CC Bend It"（弯曲）命令。在效果控制器面板中将Start属性的位置定位在小树的根部,将End属性的位置定位在小树的顶部,如图1-30所示。

图1-29

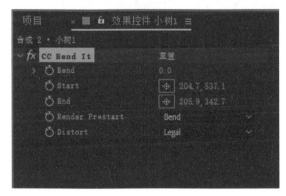

图1-30

在第0帧处，调整Bend属性值为"-20"并添加关键帧，在第1秒处，将Bend属性值调为"20"并添加关键帧。选中两个关键帧并按快捷键F9使动画缓动，如图1-31所示。

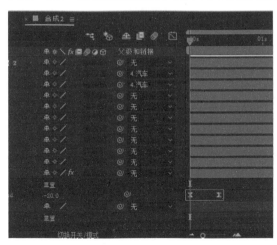

图1-31

■ 步骤02 循环小树动画

为Bend属性添加表达式，单击"表达式语言"按钮，执行"Property-loopOut（type="cycle"，numkeyframes=0"命令，将循环类型"cycle"改为"pingpong"，即可

实现小树往复摆动动画，如图1-32所示。

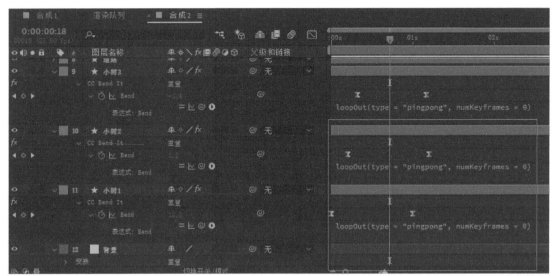

图1-32

对"小树2"和"小树3"图层进行相同操作，并将3棵小树的关键帧适当错开，使动画富有变化，完成3棵小树的动画。

■ **步骤03 制作云彩动画**

为"云1"和"云2"图层中的圆角矩形的位置和大小属性制作动画，完成云彩左右摆动和形状变化的动画。选中"云1"图层，展开"内容-矩形2-矩形路径1"，为位置和大小属性添加表达式，并使用循环语句实现动画的循环，方法和制作小树动画类似，如图1-33所示。

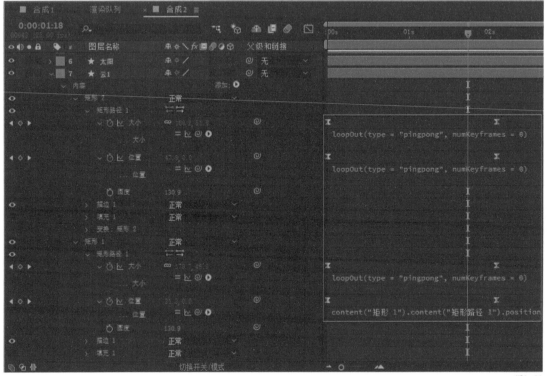

图1-33

3. "continue" (持续型)

"continue"循环的特点是不重复指定段，但会继续基于第一个或最后一个关键帧的已有动画对属性动画加以延伸，也就是说会按照原有动画的方向和速度继续循环。

■ **步骤01 汽车动画准备**

将"前轮"和"后轮"图层选中，通过父子关联器将两个轮子设定为"汽车"图层的子级。为"前轮"图层的旋转属性添加表达式，并通过表达式关联器。链接到"汽车"图层的位置属性上，使得"前轮"图层的旋转和"汽车"图层的位置属性产生关联。为了使车轮转速快些，可以在表达式后面输入"*2"使转速加倍。然后对"后轮"图层进行相同的操作，如图1-34所示。

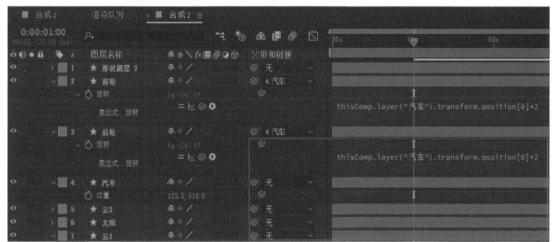

图1-34

提示 "continue"循环并不是重复之前的关键帧片段，而是要将关键帧继续执行下去，和"numkeyframes"指向关键帧片段的方式是不一致的。所以"continue"这种循环方式不接受"keyframes"或"duration"参数，需要从其语句中删除。

■ **步骤02 汽车动画制作**

先将汽车拖曳至画面外，在第0帧处为"汽车"图层的位置属性添加关键帧。将时间指示器拖曳到第1秒处，在查看器面板中将汽车向右拖曳到窗口内。为"汽车"图层的位置属性添加表达式，执行"Property-loopOut (type="cycle"，numkeyframe=0"命令，将循环类型写为"continue"，并将"numkeyframe=0"删除，汽车就会按照原有的速度继续向前开，如图1-35所示。

图1-35

最终完成效果如图1-36所示。

至此，本小节已讲解完毕。请扫描图1-37所示二维码观看本小节几个小动画的详细操作视频。

图1-36　　　　　　　　　　　　　　　　　　图1-37

第5节　摆动表达式

在制作动画时，如果希望元素实现某些属性的随机变换，可以使用摆动表达式来实现。

知识点 1　摆动表达式的添加

为属性添加表达式，在"表达式语言"下拉菜单中执行"Property-wiggle（freq，amp，octaves=1，amp_mult=.5，t=time）"命令，如图1-38所示。

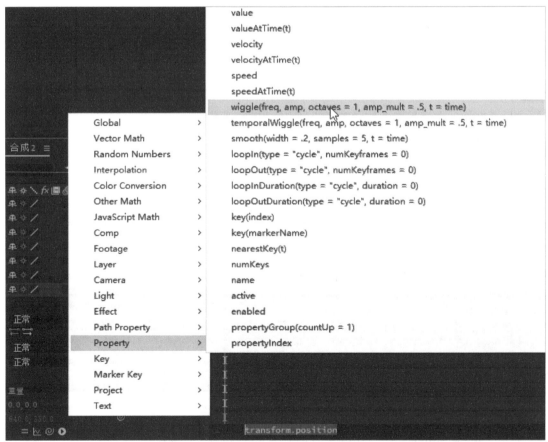

图1-38

知识点 2 摆动语句解读

摆动表达式语句结构如图1-39所示。

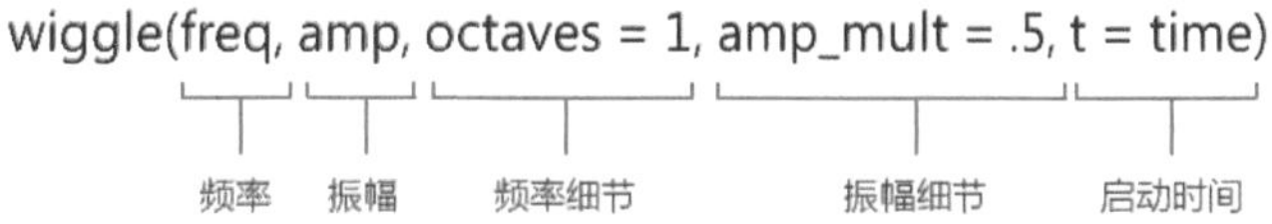

wiggle(freq, amp, octaves = 1, amp_mult = .5, t = time)

频率　振幅　频率细节　振幅细节　启动时间

图1-39

通常在使用"wiggle"函数时，只需要指定前两项参数"freq""amp"的具体数值，表达式就可以正常运行。

例如，在图层的位置属性中添加表达式"wiggle（10，100）"就可以使图层的位置属性产生每秒10次、平均幅度为100像素的摆动。

摆动函数几乎可以用于图层的任何有参数的属性，可令该属性产生不规则的数值变化。

案例 舞动的线条

下面将通过图1-40所示的实例来讲解摆动函数的使用技巧。

■ **步骤01 制作圆形线条**

在查看器面板中绘制一个圆形，将其填充关闭、描边调粗。为圆形添加修剪路径效果，使描边变短，如图1-41所示。

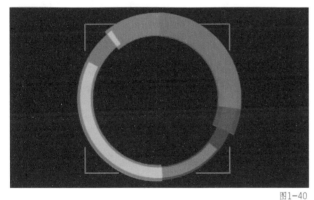

图1-40

图1-41

■ **步骤02 设置摆动线条长度**

展开圆形线条描边的修剪路径属性，为修剪路径的开始和结束属性都添加表达式，在表达式框中输入"wiggle（3，20）"后描边的长度产生随机摆动，如图1-42所示。

图1-42

■ 步骤03　摆动线条偏移

为修剪路径的偏移属性添加表达式，在表达式框中输入"wiggle（3，180）"后描边的位置产生摆动，如图1-43所示。

图1-43

提示　因为偏移的范围是"0°～360°"，所以摆动振幅要适当调大。

■ 步骤04　设置摆动线条粗细

展开"内容–椭圆1–描边–描边宽度"，为描边宽度属性添加表达式，在表达式框中输入"wiggle（3，30）"后描边的粗细产生摆动，如图1-44所示。

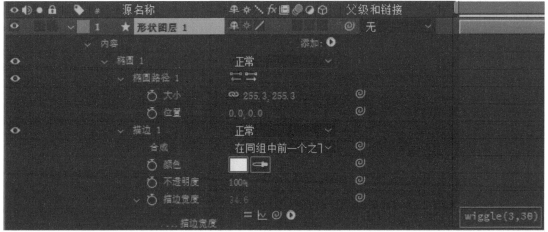

图1-44

■ 步骤05　设置摆动线条透明

展开"内容–椭圆1–描边–不透明度"，为不透明度属性添加表达式，在表达式框中输入"wiggle（3，100）"后描边的不透明度产生摆动，如图1-45所示。

■ 步骤06　设置摆动线条颜色

展开"内容–椭圆1–描边–颜色"，为颜色属性添加表达式，在表达式框中输入"wiggle（3，20）"后描边的颜色产生摆动，如图1-46所示。

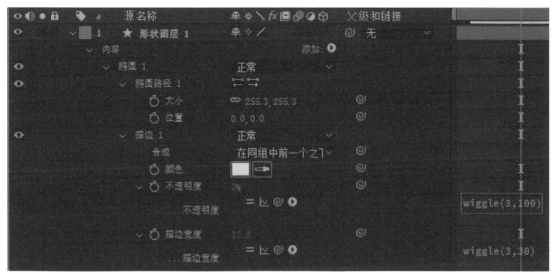

图1-45

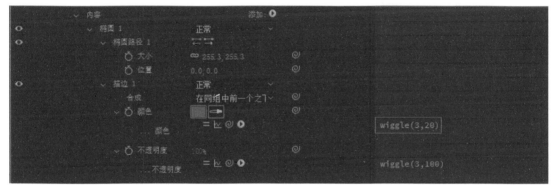

图1-46

■ 步骤07 复制图层

上述的处理使圆产生了丰富的外观动画效果。选中相应图层，按快捷键Ctrl+D复制几层，可以看到每个图层的外观都不相同，组合出了漂亮的动画效果，如图1-47所示。

至此，本案例已讲解完毕。请扫描图1-48所示二维码观看该案例的详细操作视频。

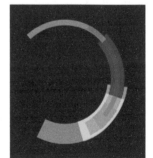

图1-47

第6节 索引表达式

在制作过程中，有时候需要对图层进行有规律的排列，如果手动排列则费时费力，这时候可以用索引表达式来解决问题。

图1-48

知识点 索引表达式详解

"index"默认是指每个图层前面的索引号，例如，图层在时间轴面板中是第3层，则

"index=3"。在实际应用中，通常利用图层索引号数值递增的规律来完成有序排列的效果，如图1-49所示。

在使用"index"时，比较常见的用法是"index*n"（n代表递增的倍数）。

> **提示** 在时间轴面板中，默认最上层为第一层，即"index=1"，所以为了避免第一层产生变化可以将表达式改写为"（index-1）*n"的形式。

案例 箭头动画

下面通过图1-50所示的动画来讲解"index"函数的使用方法。在这个动画中，要实现箭头错帧向外依次飞出的效果，难点在于如何将箭头整齐地排成圆形。形状图层的中继器效果可以实现圆形的排列，但是无法完成错帧动画，因此这里使用"index"函数来解决问题。

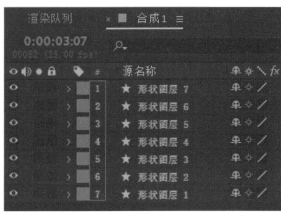

图1-49

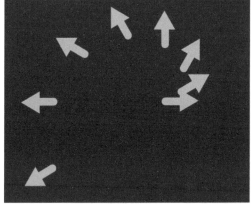

图1-50

新建合成，将合成的尺寸设置为"1280×720"，长度设置为10秒。在合成中利用形状图层中的三角形和圆角矩形绘制出一个箭头。选中矩形和三角形，按快捷键Ctrl+D进行编组并命名组为"箭头"。将"箭头"放置在查看器面板中心，如图1-51所示。

图1-51

选中形状图层，选中"内容-箭头-变换：箭头-位置"。在第0帧处为位置属性添加关键帧，将时间指示器拖曳至第1秒处，修改位置属性的y轴属性值，使箭头产生向上移动动画，如图1-52所示。

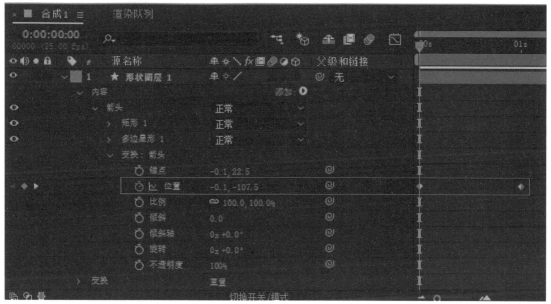

图1-52

展开形状图层的旋转属性，为其添加表达式。在表达式框中输入"（index-1）*30"，每复制一个新图层，旋转角度就会递增30°，而第一层不变。多次按快捷键Ctrl+D将图层连续复制，得到排列成一圈的多个箭头图层，效果如图1-53所示。

由上至下依次选中复制的所有图层，在时间轴面板中单击鼠标右键，执行"关键帧辅助-序列图层"命令，如图1-54所示。

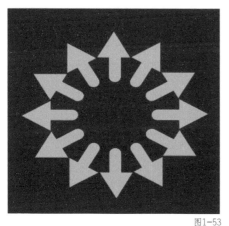

图1-53

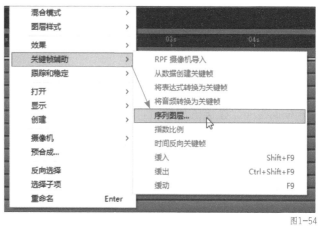

图1-54

在弹出的对话框中勾选"重叠"，将持续时间设置为"09:23"（图层长度为10秒），如图1-55所示。每个图层将自动向后错2帧，实现图层的错帧动画。

最终效果如图1-56所示。

图1-55

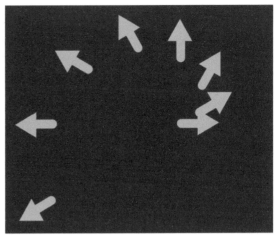

图1-56

第7节 "value"函数和多维数组

在表达式语言的书写中，经常需要在原有属性的基础上利用表达式来添加一定的变化，而这些属性可能拥有多个维度，这就需要知道原有属性和多个维度在表达式中是如何描述的。

知识点 1 "value"函数

"vlaue"函数是指当前属性的数值。例如，某图层的位置属性为"320，240"，在表达式语句中只需输入"value"即可代表输入了该位置属性的当前数值，如图1-57所示。

知识点 2 多维数组

在描绘一个图层的属性时，需要用属性的数值来表达。但是不同属性的数值维度是不同的，例如，不透明度属性只有一个维度，位置属性有两个维度。而当图层是三维图层时，位置属性的维度就变成了3个。

在表达式的语句中，拥有一个维度的属性称为一维数组，拥有两个维度的属性称为二维数组，依此类推，如图1-58所示。

图1-57

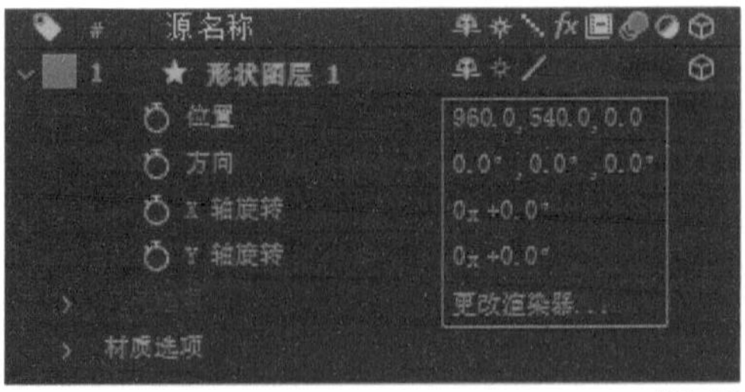

图1-58

在表达式的语言中，多维数组的描述方式为"[x，y]"。当描述属性的数值要在原来基础上进行变化时，可以将语句书写为"value+[x，y]"。其中"x"和"y"分别代表着相应维度在原值基础上产生的变化，如果没有变化，则x轴和y轴的属性可以输入为"value+[0，0]"。

案例 单轴摆动

下面制作圆形的位置摆动动画。在查看器面板中绘制圆形，展开图层的"变换-位置"属性，为位置属性添加表达式，在表达式输入框中输入"wiggle（3，100）"，如图1-59所示。可以看到圆产生了位置的随机运动。

图1-59

如果希望圆形的位置摆动只发生在x轴方向上，将表达式语句书写为"value+[wiggle（3，100）[0]，0]"即可。其中最后的"0"代表图形在y轴方向上不发生变化，如图1-60所示。

图1-60

同理，如果只想在y轴方向上产生摆动，可以将表达式语句写成"value+[0，wiggle（3，100[0]]"，如图1-61所示。

图1-61

提示 因为"wiggle"函数默认对多个轴同时有效，所以当希望摆动只发生在单一轴向上时，需要在wiggle后面添加"[0]"、"[1]"或者"[2]"来进行标注。

最终效果如图1-62所示。

图1-62

第8节 表达式控制器

表达式的功能虽然强大，但是如果需要对表达式进行参数控制，甚至添加参数动画，就需要有单独的控制器配合实现。

知识点　表达式控制器的种类

在菜单栏中执行"效果–表达式控制"命令，展开"表达式控制菜单"。"表达式控制"菜单中包含了不同种类的控制器，主要有"图层""角度""颜色""滑块"等，可以根据需要选择不同的控制器来控制表达式中的参数，如图1-63所示。

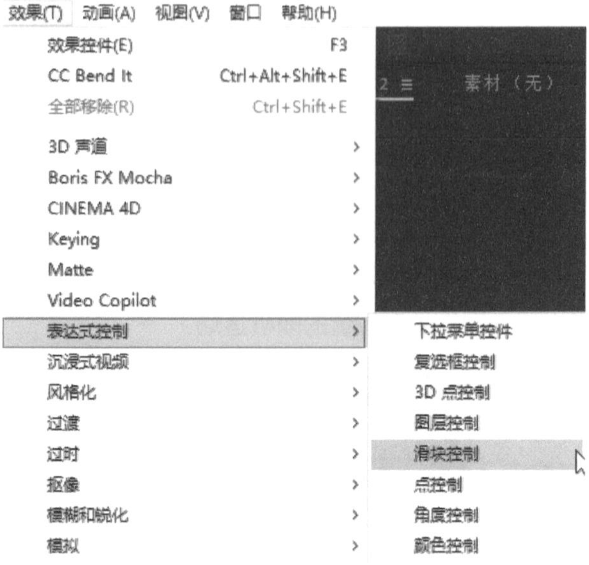

案例　打开扇子

在表达式的各种控制器中，最常用的是"滑块控制"。下面以"滑块控制"为例，讲解控制器的使用技巧，效果如图1-64所示。

效果(T)	动画(A)	视图(V)	窗口	帮助(H)

效果控件(E)　　　　　　　　　　　F3
CC Bend It　　　　　Ctrl+Alt+Shift+E
全部移除(R)　　　　　　　Ctrl+Shift+E

3D 声道
Boris FX Mocha
CINEMA 4D
Keying
Matte
Video Copilot
表达式控制　　　　　　　　　　　　　下拉菜单控件
沉浸式视频　　　　　　　　　　　　　复选框控制
风格化　　　　　　　　　　　　　　　3D 点控制
过渡　　　　　　　　　　　　　　　　图层控制
过时　　　　　　　　　　　　　　　　滑块控制
抠像　　　　　　　　　　　　　　　　点控制
模糊和锐化　　　　　　　　　　　　　角度控制
模拟　　　　　　　　　　　　　　　　颜色控制

图1-63

■　步骤01　绘制扇骨

在查看器面板中直接绘制图1-65所示的折扇扇骨图形，并将其图层中心点调整至扇骨的底部。

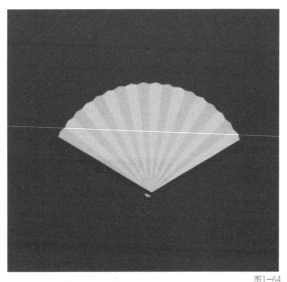

图1-64

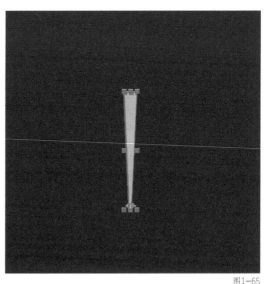

图1-65

■　步骤02　添加控制器

新建空对象图层，并执行"效果–表达式控制–滑块控制"命令，为空对象图层添加滑块控制器，并将空对象图层拖曳至"形状图层1"下层，如图1-66所示。

■ **步骤03 书写表达式**

选中"形状图层1",展开"变换-旋转",为旋转属性添加表达式,在表达式框中输入"(index-1)*",如图1-67所示。

图1-66

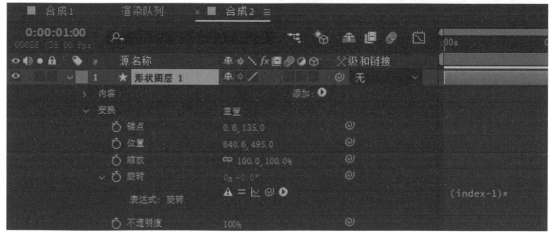

图1-67

此处的表达式没有输入完整,是因为"*"后面要输入一个可以变换的数值,才可以通过数值的变化控制扇骨的展开动画。

■ **步骤04 建立关联**

将鼠标光标定位在"*"后,通过表达式关联器将"*"后面的数据关联到空对象图层的"滑块控制器-滑块"属性上,扇骨复制的递增角度即被滑块值所控制,如图1-68所示。

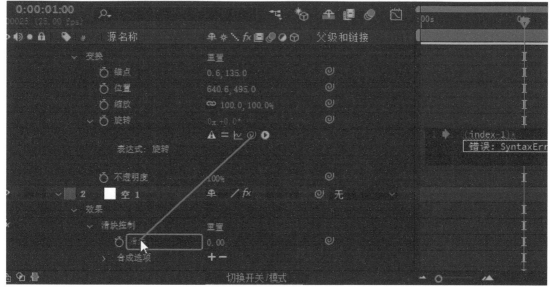

图1-68

图1-68（续）

■ 步骤05 复制图层并建立父子关系

按快捷键Ctrl+D将"形状图层1"复制20层，将"空1"图层的移动至扇骨的底部。选中所有的形状图层，将它们通过父级关联器链接到空对象图层，使空对象图层成为所有图层的父级，如图1-69所示。

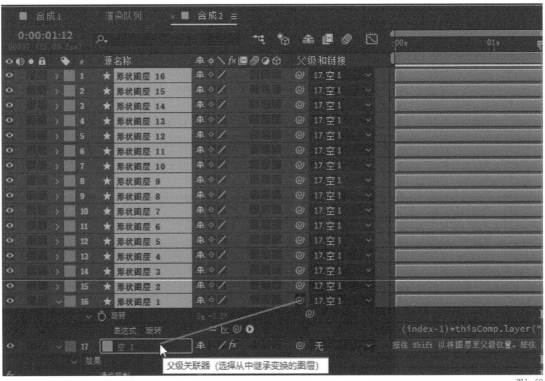

图1-69

■ 步骤06 制作开扇动画

选中"空1"图层，展开"变换-旋转"，在第0帧处为旋转属性添加关键帧；在第15帧处将旋转属性值调整为"-63°"。继续展开"效果-滑块控制-滑块"，在第15帧处为滑块属性添加关键帧。在第2秒处将滑块属性值调为"6.7"，选中关键帧并按快捷键F9为关键帧添加缓动动画，完成扇子旋转和展开的动画，如图1-70所示。

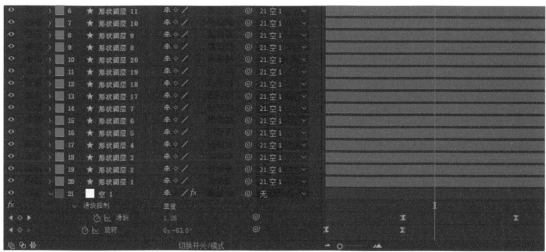

图1-70

■ 步骤07 修饰完成

将扇骨的第一层和最后一层选中，将它们的填充颜色调为深棕色。将中间的扇骨图层隔层依次选中，将它们的填充颜色调成浅色，使得扇面看起来有阴影效果，如图1-71所示。

图1-71

至此，本案例已讲解完毕。请扫描图1-72所示二维码观看该案例详细操作视频。

图1-72

第9节 综合案例——新能源时代

本案例将使用表达式辅助完成一个动画镜头的制作，以加深和巩固读者对表达式的理解，效果如图1-73所示。在这个镜头中，风车的转动、水电站的水花、太阳光等都可以利用表达式辅助完成。

■ 步骤01 打开源文件

在本课素材包中找到并双击打开名为"综合案例源文件"的工程文件。

图1-73

■ **步骤02 制作云朵动画**

云朵的动画是不规律的，所以用摆动函数"wiggle"来辅助完成。

选中"云朵"图层，展开"云朵－内容－云1－变换云1－位置"。为位置属性添加表达式，在表达式框中输入"value+［wiggle（0.2，50）［0］+0］"，这里"value"是"云1"组位置属性的当前值，"0.2"是在当前值的基础上x轴方向上添加0.2次/秒，同时"50"代表平均振幅是50像素，"0"代表y轴方向上不变，如图1-74所示。

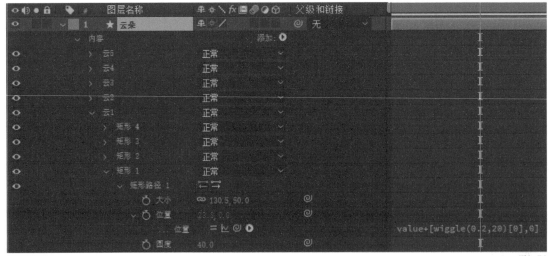

图1-74

将表达式语句依次复制给每一个云朵组的位置属性，使每个云朵组都产生随机的左右摆动动画，如图1-75所示。

■ **步骤03 制作水花动画**

选中"水花"图层，依次展开"组1－椭圆4－椭圆路径1－大小"，为大小属性添加表达式。在表达式框中输入"wiggle（20，5）"，使得圆形产生快速震动，如图1-76所示。

图1-75

先将表达式语句复制到"组1"中所有椭圆的大小属性上，使每个椭圆都产生随机震动。将图层中所有的元素选中，按快捷键Ctrl+G编组并命名组为"水花1"。复制两个"水花1"组，调整水花的位置，

图1-76

摆放在每个水闸的下面，完成水花动画的制作，如图1-77所示。

图1-77

■ 步骤04　制作风车动画

选中"风车1"图层，依次展开"风车－风车1－扇叶－变换扇叶－旋转"。为旋转属性添加表达式，输入"time*100"，使扇叶自动旋转，如图1-78所示。

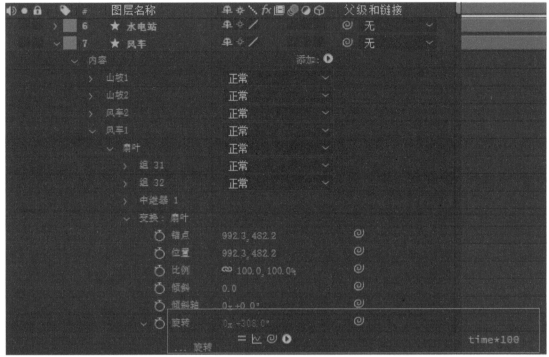

图1-78

依次展开属性"风车－风车2－扇叶－变换扇叶－旋转"。为旋转属性添加表达式。用表达式关联器将"风车2"的"扇叶"旋转属性链接到"风车1"的"扇叶"旋转属性上，并在表达式语句最后添加"-60"。使得"风车2"跟随"风车1"的旋转并始终相差60°，如图1-79所示。

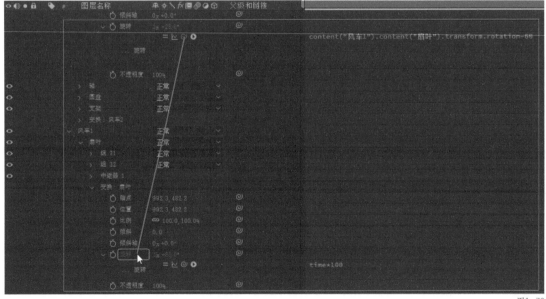

图1-79

图1-79（续）

■ **步骤05 制作阳光动画**

选中"太阳"图层，依次展开"内容−太阳−形状1−修剪路径1"。在第0帧处将修剪路径的开始和结束值分别调整为"60""80"，并添加关键帧。在第15帧处将开始和结束值都调为"100"。在第8帧处将开始值调为"90"，完成第一组阳光散开的动画，如图1-80所示。

图1-80

分别为开始和结束属性添加表达式，可在"表达式语言"下拉菜单中执行"Property-loopOut（type="cycle"，numkeyframes=0"命令，使阳光散开的动画产生循环，如图1-81所示。

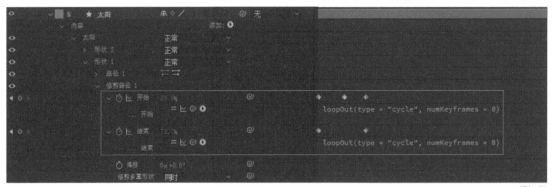

图1-81

依次展开"内容-太阳-形状2-修剪路径1"。用同样的方式制作出另一组阳光的循环动画，并且将开始和结束属性的关键帧向后拖曳至第5帧后，使两组的关键帧动画错开，产生有节奏的变化，如图1-82所示。

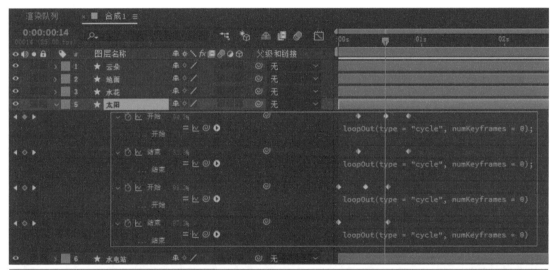

图1-82

　　至此，本案例中几个关键元素的动画通过表达式的辅助就制作完成了，效果如图1-83所示。其他元素的动画按照这种思路继续完成即可。

图1-83

　　至此，本案例已讲解完毕。请扫描图1-84所示二维码观看本案例详细操作视频。

图1-84

本课练习题

1. 选择题

（1）表达式语句中的分号";"代表什么？（　　）

A. 中断　　　　　　B. 并列　　　　C. 一个语句完成　　　　D. 暂停

（2）当为一个属性添加摆动表达式后，为什么在图表编辑器中看不到摆动的动画曲线？（　　）

A. 没有关键帧　　　　　　　　　B. 没有选择对应的属性

C. 摆动参数设置过低　　　　　　D. 没有激活显示后表达式图表

（3）当制作一个汽车行驶的动画时，为了实现车轮的自动转动效果，应该如何操作？（　　）

A. 为车轮的旋转属性添加关键帧

B. 将车轮的旋转属性通过表达式链接到汽车的位移属性上

C. 将车轮的旋转属性通过表达式链接到汽车的旋转属性上

D. 将车轮图层通过父级连接器链接到汽车图层上

（4）在制作钟表动画时，表针的持续旋转该如何使用表达式辅助完成（多选）？（　　）

A. 为表针的旋转属性添加表达式，并输入"time*100"

B. 为表针的旋转属性添加关键帧，先让表针旋转一圈，为旋转属性添加循环表达式"loopOut（type="cycle"，numKeyframes=0）"

C. 为表针的旋转属性添加关键帧，先让表针旋转一圈，为旋转属性添加循环表达式"loopOut（type="continue"）"

D. 为表针的旋转属性添加关键帧，先让表针旋转一圈，为旋转属性添加循环表达式"loopOut（type="pingpong"，numKeyframes=0）"

参考答案：（1）C　（2）D　（3）B　（4）A、C

2. 操作题

图1-85所示的大圆描边的两端各有一个圆点，制作出在调整大圆描边的长度时，两个圆点自动跟随大圆描边的两端运动，并且一直处于大圆描边的两端的效果。

操作题要点提示 圆点可以用有圆头端点且极短的粗描边制作。主要考虑如何让该粗描边跟随细描边运动，同时要保持粗描边长度尽量短。

图1-85

第 **2** 课

三维图层

在制作复杂的项目时，普通的二维图层不能满足设计师的需求，因此After Effects为设计师提供了较为完善的三维系统。"三维"两个字会让人联想到3D立体感，但After Effects中的三维效果不像3D制作软件中的三维效果。用户在After Effects中可以进行创建三维图层、摄像机和灯光等三维合成操作，同时可以切换不同角度来观察三维空间的效果。其实，三维图层在三维空间中就是一个没有厚度的"片"。

本课主要讲解After Effects中三维图层的基础操作及案例应用。

本课知识要点

◆ 三维空间的应用

◆ 认识After Effects三维空间

◆ 正交视图和自定义视图

◆ 多窗口视图

◆ 自身坐标与世界坐标

◆ 三维空间动画

第1节 三维空间的应用

After Effects中的三维系统可以为设计师提供更广阔的想象空间，也可以增强作品的视觉表现力。用户在进行立体空间的搭建时，可以配合After Effects中的摄像机来制作三维空间中的穿梭动画及真实的景深效果，如图2-1所示。

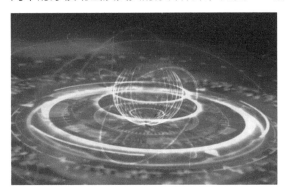

图2-1

较复杂的三维场景可以利用专业三维软件，如Cinema 4D、Maya和3ds Max等，与After Effects配合完成制作。After Effects与其他软件配合使用，可以制作出非常漂亮和逼真的三维场景，能够发挥它的三维系统功能作用，如图2-2所示。

图2-2

第2节 认识After Effects三维空间

"维"是一种度量单位，平面就是二维空间。二维空间只有两个方向，也就是After Effects中图层的x轴和y轴，如图2-3所示。而三维空间则有3个方向，分别是x轴、y轴和z轴，如图2-4所示。

知识点 1 开启三维图层

将合成中的二维图层转换为三维图层，有下面两种方法。

（1）在对应的二维图层后面单击"3D图层"按钮 ▣（又称三维图层开关），如图2-5所示。

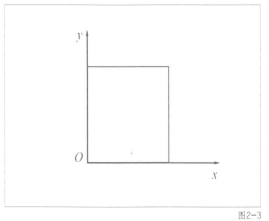

图2-3

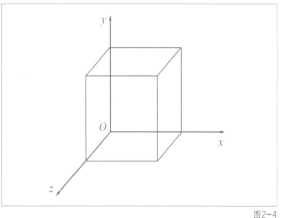

图2-4

如果找不到"3D图层"按钮，单击时间轴面板左下角的"切换开关/模式"按钮就可以找到"3D图层"按钮，如图2-6所示。

图2-5

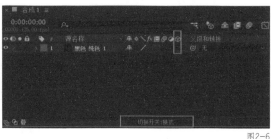

图2-6

（2）选中当前二维图层，在菜单栏中执行"图层-3D图层"命令开启三维图层，如图2-7所示。

知识点2 三维图层的基础属性

开启三维图层后，图层的基础属性中除不透明度以外，还会有x轴、y轴和z轴方向的数值，图层的基础属性中会多出一个方向属性，如图2-8所示。

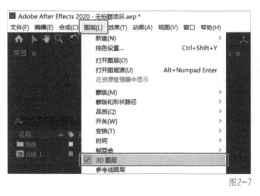

图2-7

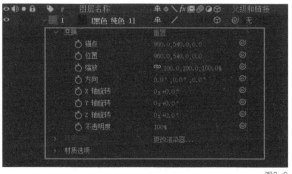

图2-8

同时，在三维图层的属性中还增加了"材质选项"组，这是配合After Effects中的灯光来调节由光照所产生的光影效果的，如图2-9所示。

提示 三维图层的属性如果已经设置了关键帧动画，在关闭图层的三维开关后，所设置的属性及三维属性上的关键帧动画将被自动删除。即使重新打开三维开关，对应属性数值及关键帧动画也不会恢复，所以将三维图层转换为二维图层时要谨慎。

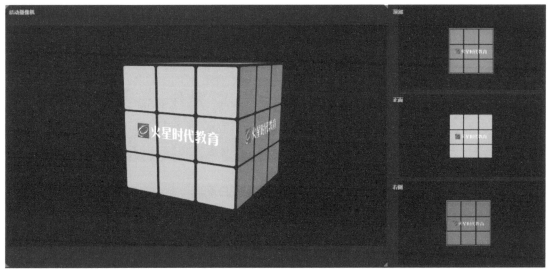

图2-9

第3节　正交视图和自定义视图

在After Effects中，可以从多个视角及多个视图来观察对象的三维空间变化，如图2-10所示。

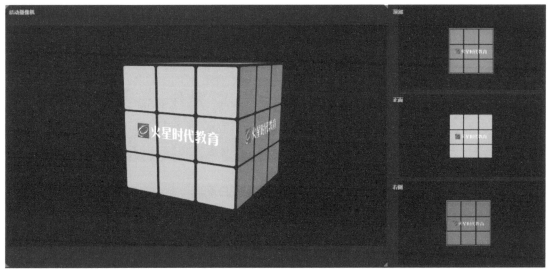

图2-10

三维空间中会产生透视关系，所以不同景深的物体之间也会产生一种空间错位的感觉。例如，在移动物体时可以发现远处物体的变化速度比较缓慢，而近处物体的变化速度比较快，如图2-11所示。

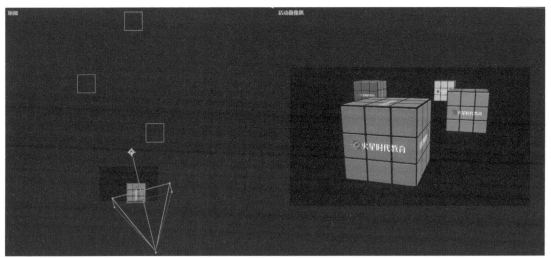

图2-11

知识点 1 正交视图

正交视图是二维视图，没有透视效果，它将物体所在三维空间的点一一对应到二维视图平面上，能准确表达物体在空间中的位置和状态。

After Effects中有6个正交视图，分别为正面、左侧、顶面、背面、右侧和底部。单击查看器面板下方的按钮可以切换不同的正交视图，如图2-12所示。

切换不同的正交视图，可以非常准确地观察物体在三维空间中的不同视角效果。

图2-12

知识点 2 自定义视图

自定义视图在正交视图的下方，如图2-13所示。

自定义视图是有透视关系的，它可以配合工具栏中的"统一摄像机工具"  快速直观地调整三维图层的视角，以看到物体每个面的状态，如图2-14所示。

图2-13

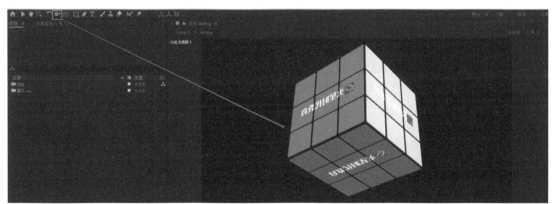

图2-14

视图中还有一个活动摄像机，如果合成中有摄像机，则该视图以摄像机的视角来显示三维空间；如果合成中没有摄像机，则默认显示正面视图的视角效果，如图2-15所示。

图2-15

第4节　多窗口视图

为了更方便观看每个视图的变化，可在查看器面板下方对窗口视图分布进行调整，共有8种视图分布类型，可分为以下3类。

知识点1　1个视图的分布类型

这是最常用的视图类型，也是打开After Effects合成时的默认视图状态，如图2-16所示。

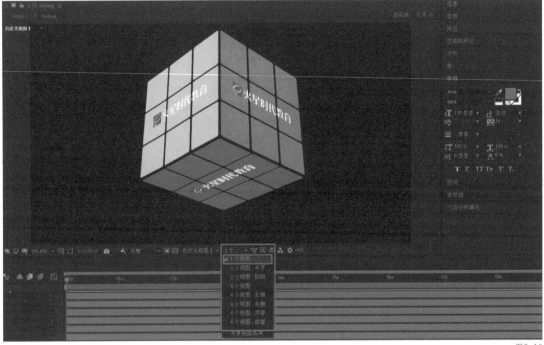

图2-16

知识点2 2个视图的分布类型

2个视图的分布类型包括："2个视图-水平"，如图2-17所示；"2个视图-纵向"，如图2-18所示。从默认的活动摄像机视图切换为"2个视图"时，查看器面板的分布变成"活动摄像机"和"顶部"视图。这种视图常用于调整空间穿梭的场景。

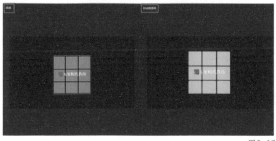

图2-17

图2-18

知识点3 4个视图的分布类型

4个视图的分布类型包括"4个视图-左侧""4个视图-右侧""4个视图-顶部""4个视图-底部"。这4个视图将查看器面板分为了4个部分，每个部分都可以单独查看不同视角的效果，更大地提高了工作效率。

在查看器面板中将视图类型切换为"4个视图"，如图2-19所示。

在查看器面板中将视图类型切换为"4个视图-左侧"，如图2-20所示。

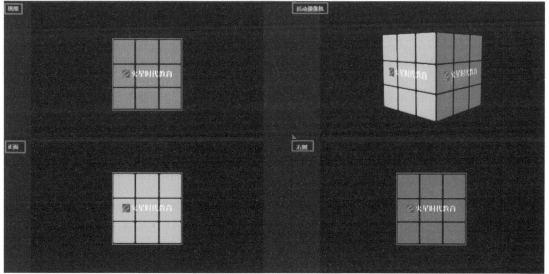

图2-19

图2-20

第5节　自身坐标与世界坐标

After Effects 的三维坐标系中存在 3 个坐标轴，分别为 x 轴、y 轴、z 轴。x 轴上的数值从左向右不断增加，y 轴上的数值从下到上不断增加，而 z 轴上的数值从近到远不断增加。

在操作三维图层对象时，可以根据坐标轴来对其进行定位。工具栏中共有 3 种三维对象坐标的工具，如图 2-21 所示，分别是本地轴模式 ![icon]（也称自身坐标）、世界轴模式 ![icon]（也称世界坐标）、视图轴模式 ![icon]，其中常用的是前两种模式。

图2-21

为了直观地看到坐标轴的状态，可以在查看器面板中打开"3D 参考轴"，在视图中显示世界坐标轴，用于参考轴所在的位置，如图 2-22 所示。

知识点 1　自身坐标

自身坐标（也就是本地轴模式）是以图层对象自身作为对齐的依据的，如图 2-23 所示。自身坐标在当前选择对象与世界坐标系不一致时特别有用。调节自身坐标的轴向可以对齐世界坐标系，如图 2-24 所示。

知识点 2　世界坐标

世界坐标（也就是世界轴模式）对齐于合成三维空间中的世界坐标系，不管怎么旋转 3D 图层，其坐标轴始终对齐于三维空间中的三维坐标系。x 轴始终沿着水平方向延伸，y 轴始终沿着垂直方向延伸，而 z 轴则始终沿着纵深方向延伸，如图 2-25 所示。

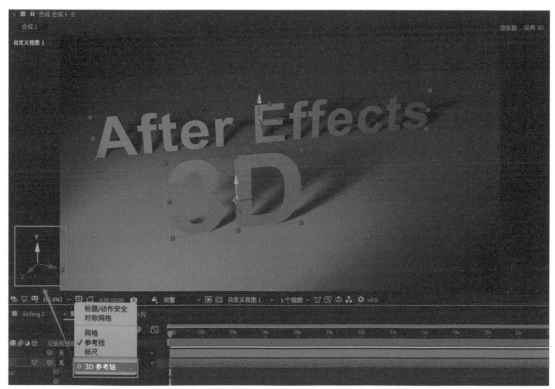

图2-22

图2-23

图2-24

图2-25

第6节 三维空间动画

在After Effects中，为三维图层的 x 轴、 y 轴、 z 轴的位移和旋转属性添加关键帧可以制作三维空间动画，并且配合摄像机和灯光可以使三维动画效果更加逼真。

知识点 1 移动三维图层

在三维空间中为图层制作空间位移动画时，需要对三维图层进行移动操作。在After Effects中移动三维图层的方法主要有以下两种。

（1）在时间轴面板中对三维图层的位置属性进行调节，如图2-26所示。

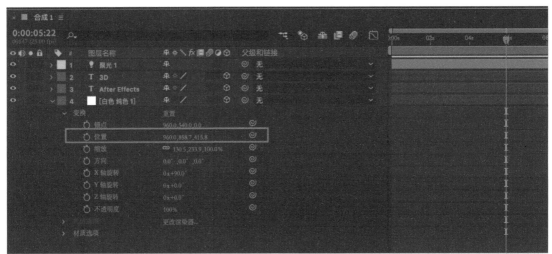

图2-26

（2）使用选择工具▶直接在查看器面板中拖曳三维图层的坐标轴进行位移，当鼠标指针停留在各个坐标轴上时，鼠标指针旁会分别出现各坐标轴的方向，如图2-27所示。

图2-27

知识点 2 旋转三维图层

按R键展开三维图层的旋转属性，这时可以观察到三维图层可操作的旋转参数包含4个，分别是方向、X轴旋转、Y轴旋转和Z轴旋转，如图2-28所示，而二维图层的旋转属性只有一个参数。

在After Effects中旋转三维图层的方法主要有以下两种。

（1）在时间轴面板中对三维图层的方向、X轴旋转、Y轴旋转和Z轴旋转属性的数值进行调节，如图2-29所示。

图2-28　　　　　　　　　　　　　　　　　　　　图2-29

> **提示** 通过方向、X轴旋转、Y轴旋转和Z轴旋转属性来旋转图层时，都是以图层的中心点来旋转的。但是不要同时使用方向和X轴旋转、Y轴旋转、Z轴旋转属性制作动画，以免在制作旋转动画的过程中产生混乱。

（2）可以在工具栏中使用旋转工具对三维图层的方向进行调整。在选择旋转工具后，在工具栏的右侧可以设置三维图层的旋转方式，包括方向和旋转两种方式，如图2-30所示。

图2-30

> **提示** 当使用旋转工具以方向方式进行旋转操作时，三维图层的方向属性的数值发生变化；当以旋转方式进行旋转操作时，三维图层的X轴旋转、Y轴旋转和Z轴旋转属性的数值发生变化。

案例 三维魔方动画制作

本案例主要利用三维图层的属性和摄像机来制作魔方在三维空间中的位移和旋转动画，最终效果如图2-31所示。

图2-31

■ 步骤01 搭建三维魔方

双击项目面板，在弹出的对话框中找到本课素材包，将其中的所有文件框选并导入，如图2-32所示。

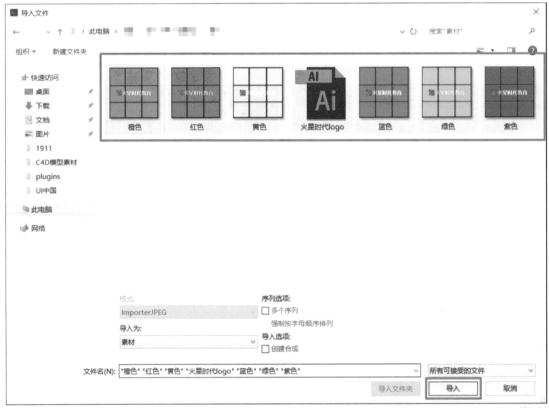

图2-32

新建一个"魔方"合成，如图2-33所示。将所有素材拖入时间轴面板中，并打开所有图层的三维图层开关，如图2-34所示。

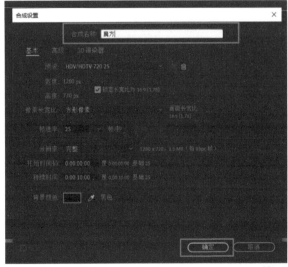

图2-33

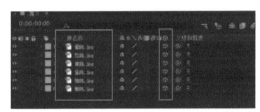

图2-34

在查看器面板中将视图切换为"自定义视图1"，可以使用工具栏中的统一摄像机工具对图层进行空间观察，如图2-35所示。

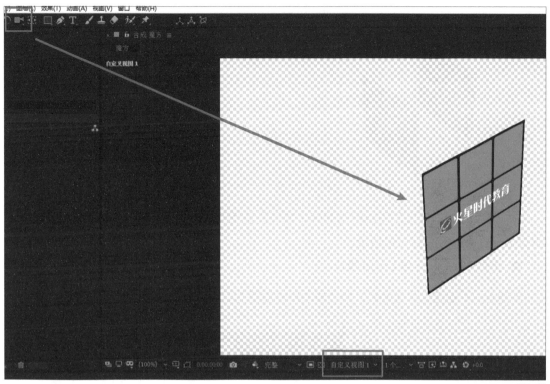

图2-35

魔方就是一个立方体，一共有6个面。当前所有魔方素材文件的尺寸为"600像素×600像素"。在默认状态下，图层位于视图的正中心，这个中心也是魔方的中心。将橙色图层作为一个侧面，这时需要将"橙色.jpg"图层位置属性的z轴数值调整为"300"，如图2-36所示。

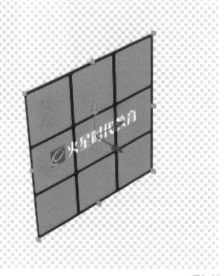

图2-36

用上述的方法将"红色.jpg"图层调整为魔方的另一个侧面，如图2-37所示。

将"黄色.jpg"图层的y轴旋转属性的数值调整为"+90°"，同时将位置属性x轴的数值调整为"340"，做出魔方的第3个侧面，如图2-38所示。

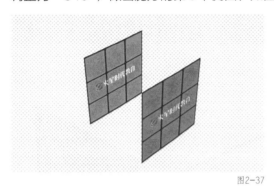

图2-37

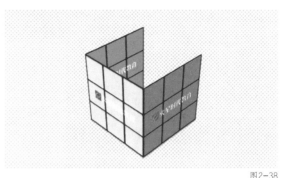

图2-38

在查看器面板中调整不同坐标轴的旋转数值及位置属性的数值，可以将6个面全部拼好，制作出三维魔方，如图2-39所示。

■ 步骤02 搭建三维Logo魔方

创建合成并命名为"Logo"，将合成的尺寸设置为"500×500"，如图2-40所示。

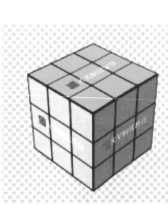

图2-39

图2-40

将"火星时代Logo.ai"文件拖入当前合成中，调整Logo的大小如图2-41所示。

用搭建立体魔方的方法将"Logo"图层位置属性的z轴数值改为"250"，先做出Logo魔方的一个侧面，如图2-42所示。

然后依次拼好剩下的5个面，完成"Logo魔方"的搭建，如图2-43所示。

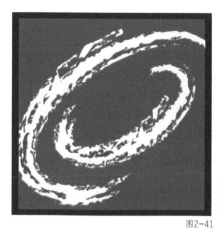

图2-41

图2-42

分别选中两个魔方的所有素材并按快捷键Ctrl+Shift+C创建预合成"Logo魔方"和"魔方合并",如图2-44所示。打开它们的三维图层开关和塌陷开关,如图2-45所示。

图2-43

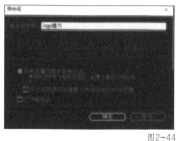

图2-44

图2-45

■ 步骤03 制作魔方动画

在时间轴面板中创建一个空对象图层,并打开空对象图层的三维开关,如图2-46所示。将"Logo魔方"和"魔方合并"预合成作为空对象图层的子级,如图2-47所示。

图2-46

图2-47

创建一个摄像机,选择工具栏中的统一摄像机工具,在查看器面板中切换为活动摄像机视图来观察三维空间效果,如图2-48所示。

将时间指示器移动到第15帧处,为空对象图层位置和X轴旋转、Y轴旋转和Z轴旋转属性添加关键帧,再将时间指示器移动到第0帧处,调整空对象图层位置的x轴和X轴旋转、Y轴旋转和Z轴旋转属性的数值,制作出魔方从上方旋转落下的动画,这时After Effects会自动添加第0帧处的关键帧,如图2-49所示。

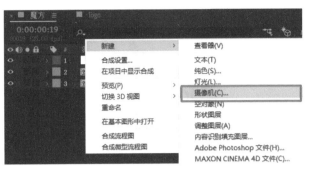
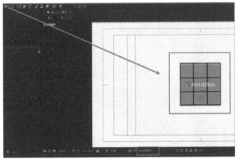

图2-48

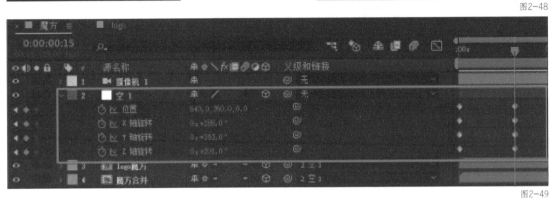

图2-49

为了使魔方落下的动画更加自然，可以框选第15帧处的关键帧，按快捷键F9将关键帧调整为缓动关键帧，如图2-50所示。

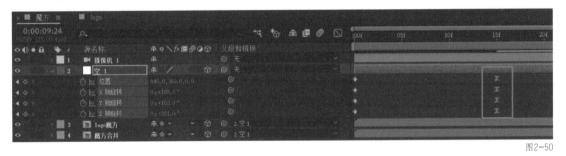

图2-50

分别在第3秒和第5秒处调整X轴旋转、Y轴旋转和Z轴旋转属性的数值，使魔方不停地旋转，如图2-51所示。

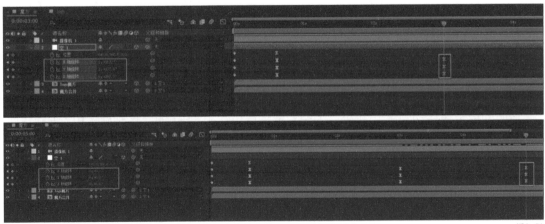

图2-51

在菜单栏中执行"视图-新建查看器"命令，将新建的查看器显示为"魔方合并"预合成中的画面，如图2-52所示。

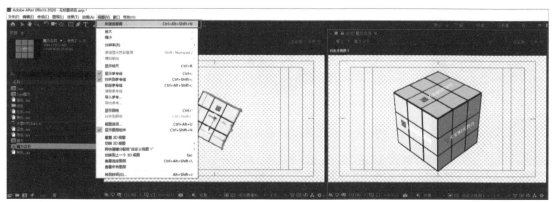

图2-52

在"魔方合并"预合成中，在3秒处为6个面对应图层的位置属性添加关键帧，在第3秒18帧处调整所有图层的位置属性的z轴数值，使它们位于画面外，这里需要在"魔方"预合成中看不到魔方的所有面，如图2-53所示。

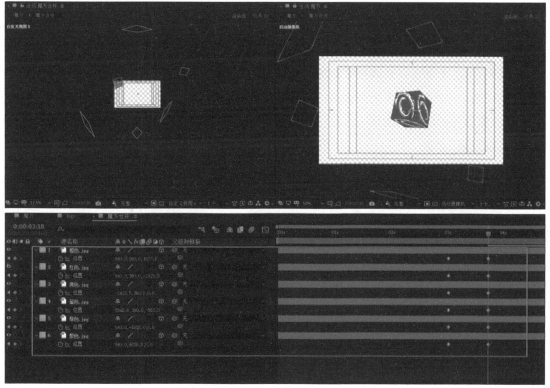

图2-53

在"魔方"预合成中，第3秒18帧以后就不再出现魔方，所以选中"魔方合并"预合成并按快捷键Alt+]，将其出点截至第3秒18帧处，如图2-54所示。

图2-54

■ 步骤04 制作"Logo魔方"定版动画

在第5秒处为空对象图层的位置、缩放、X轴旋转、Y轴旋转和Z轴旋转属性添加关键帧，如图2-55所示。在第6秒处调整空对象图层的位置和缩放属性的数值，这时Logo魔方有一个缩小的动画，以匹配最后的出字效果，如图2-56所示。

Logo最后定版时，只出现一个正面，所以选中"Logo魔方"预合成并按快捷键Alt+]，将其出点截至第5秒处，如图2-57所示。

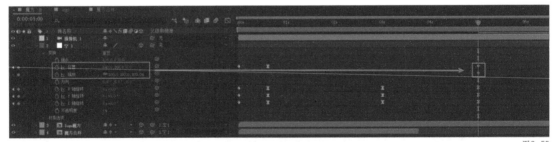

图2-55

图2-56

图2-57

最后选中"火星时代Logo.ai"素材，截取文字部分，给文字制作一个从左向右的位置动画，如图2-58所示。

图2-58

至此，本案例已讲解完毕。请扫描图2-59所示二维码观看本案例详细操作视频。

图2-59

第7节 综合案例——立体翻书动画

本案例利用三维图层功能，并配合不同视图来搭建一个翻书的三维场景，同时制作翻书的立体动画，最终效果如图2-60所示。

■ 步骤01 导入素材

双击项目面板，找到本课素材包将"场景1""场景2""场景3"分别导入项目面板，如图2-61所示。导入时在弹出的对话框中选择导入种类为"合成 - 保持图层大小"，选择图层选项为"合并图层样式到素材"，如图2-62所示。

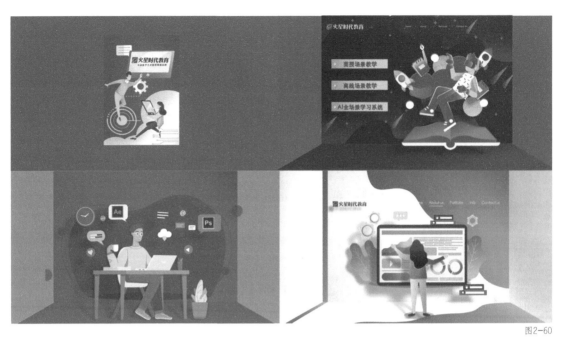

图2-60

图2-61

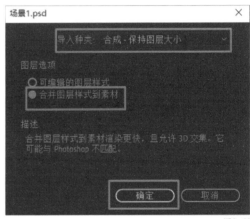

图2-62

导入"书封面"和"书背面"素材，如图2-63所示，在弹出的对话框中将导入种类设置为"素材"，将图层选项设置为"合并的图层"，如图2-64所示。

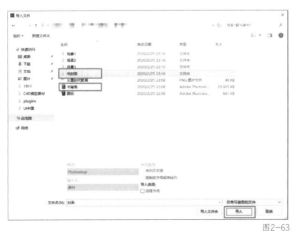

图2-63

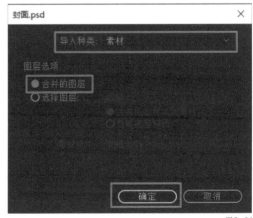

图2-64

■ **步骤02 搭建立体场景**

将"场景1"中的所有图层分别进行整合，整合后分为"场景1A""场景1B""场景1C""场景1背景""场景1地面"，将所有图层的中心点移动到图层底部的中间位置，并打开所有图层的三维图层开关。

配合两视图中的自定义视图，将"场景1A""场景1B""场景1C""场景1背景""场景1地面"图层搭建为"场景1"，如图2-65所示。

图2-65

按照搭建"场景1"的方法和步骤搭建出"场景2"和"场景3"，如图2-66和图2-67所示。

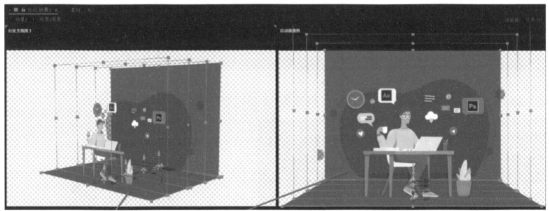

图2-66

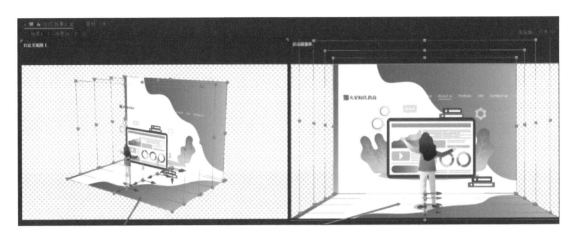

图2-67

在项目面板中找到"封面.psd"素材，根据素材的大小创建"封面"合成，并将"火星时代教育.png"素材导入"封面"合成中，并调整其位置如图2-68所示。

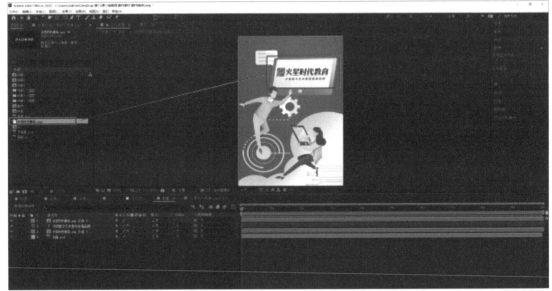

图2-68

将"封面"导入"场景1"中，调整其位置和旋转属性的数值如图2-69所示。

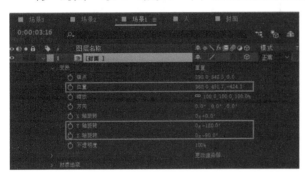

图2-69

■ 步骤03 制作翻书动画

将"场景1背景"图层作为父级带动其他图层进行运动。所以将"场景1A""场景

1B""场景1C""场景1地面"图层作为"场景1背景"图层的子级，如图2-70所示。

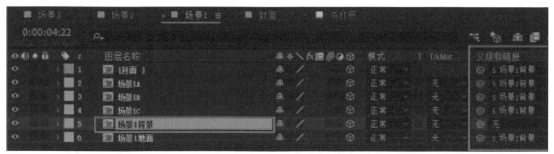

图2-70

当前已经调整动画为5秒，为了方便制作动画，将从后向前添加关键帧。

首先，在第5秒处为"场景1背景"图层的位置和旋转属性添加关键帧，如图2-71所示。

图2-71

然后，将时间指示器拖曳至第3秒处，调整"场景1背景"图层的位置和旋转属性的数值，这时After Effects会自动添加当前时间的关键帧，如图2-72所示。

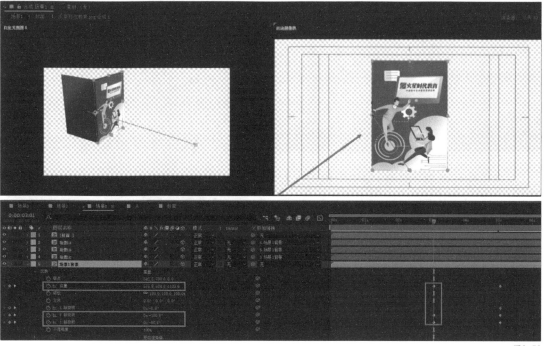

图2-72

将时间指示器拖曳至第2秒处，为当前时间的位置和旋转属性添加关键帧，不做任何调整，如图2-73所示。

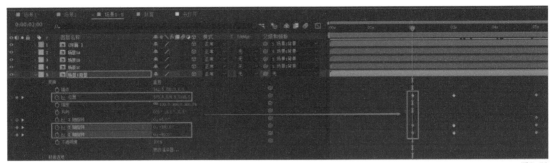

图2-73

最后在第0秒处调整"场景1背景"的位置和旋转属性的数值，After Effects会自动添加当前时间的关键帧，如图2-74所示。

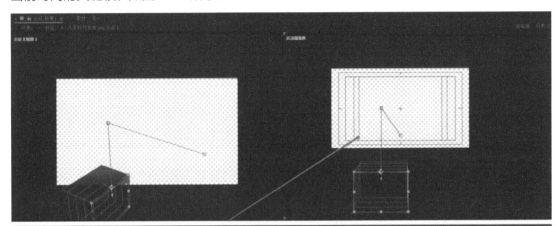

图2-74

在项目面板中将"场景1背景"拖入合成中，命名为"背景"，并适当缩放。对其执行"效果-模糊和锐化-高斯模糊"命令，并调整其模糊度，勾选"重复边缘像素"，如图2-75所示。

图2-75

该动画在第2秒前并不会显示"场景1"中的元素，在这里选中"场景1"合成中所有图层并按快捷键Alt+[，将其出点截至第2秒处，如图2-76所示。这时最开始的翻书动画就制作完成了。

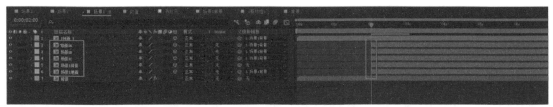

图2-76

■ 步骤04 制作翻页动画

将"场景2"中的"场景2背景"作为
父级带动其他图层运动，如图2-77所示。

复制"场景2"中的所有图层到"场景
1"中，使"场景2"在第7秒处开始出现，
如图2-78所示。

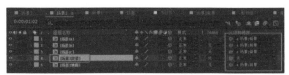

图2-77

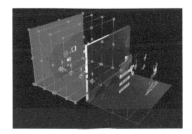

图2-78

调整"场景2背景"的位置和X轴旋转属性的数值如图2-79所示；并将"场景2背景"
作为"场景1背景"的子级，如图2-80所示。

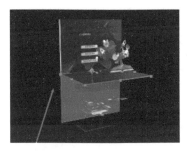

图2-79

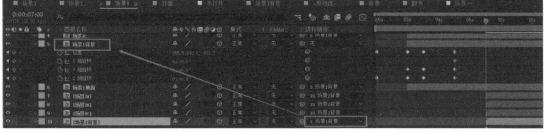

图2-80

在第7秒处调整"场景1背景"的X轴旋转属性为数值为"0"，并添加关键帧；在第9秒
处调整"场景1背景"的X轴旋转属性的数值为"-90°"，并添加关键帧，如图2-81所示。
这时由"场景1"翻转到"场景2"的动画就制作完成了。

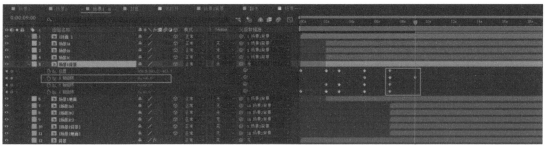

图2-81

按照上述制作翻页动画的方法再制作一个翻页动画，如图2-82所示。

图2-82

■ 步骤05 制作书页闭合动画

该动画的最后不需要显示"场景1"和"场景2"中的内容，如图2-83所示，将"场景1"和"场景2"中的所有图层的出点截至相应的时间。

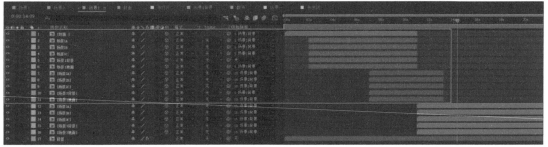

图2-83

调整"书背面"和"封面"的位置和旋转属性的数值如图2-84所示；将"场景3背景"作为父级带动"书背面"和"封面"产生动画，如图2-85所示。

然后，在第15秒处为"场景3背景"位置和旋转属性添加关键帧，如图2-86所示；在第17秒处调整其位置和旋转属性的数值，并添加关键帧，如图2-87所示。此时，书闭合的动画就制作完成了。

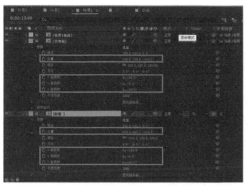

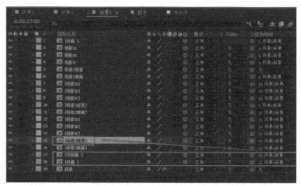

图2-84 图2-85

图2-86

图2-87

最后,对"场景3"的所有图层制作一个不透明度变化的动画,使其在书定版前慢慢消失,如图2-88所示。至此本案例就制作完成了。

图2-88

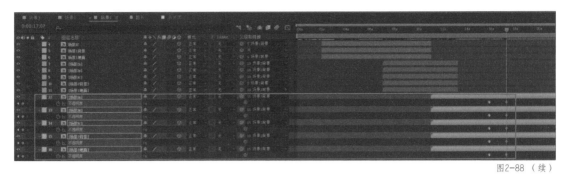

图2-88 （续）

　　这个案例主要利用不同的视角来调整三维图层在空间中的位置，并为三维图层的位置和旋转属性制作动画。

　　至此，本案例已讲解完毕。请扫描图2-89所示二维码观看本案例详细操作视频。

图2-89

本课练习题

选择题

（1）下列哪个按钮是"3D图层"按钮？（　　　）

A. 　　　　B. 　　　　C. 　　　　D.

提示　"3D图层"按钮是每个图层都有的按钮。单击该按钮后，图层会变成三维图层。

（2）在After Effects中，正交视图一共有几种？（　　　）

A. 4种　　　　B. 5种　　　　C. 6种　　　　D. 7种

提示　在After Effects查看器面板下方可以切换视图，其中正交视图分为正面、左侧、顶面、背面、右侧、底部共6种。

　　参考答案：（1）B　（2）C

第

3

课

摄像机

摄像机也属于After Effects图层的一种，可以调整三维空间关系及展现场景的不同视角。但是摄像机对二维图层没有作用，只对三维图层起作用。

本课将讲解摄像机的相关知识。

本课知识要点

◆ 摄像机的创建

◆ 摄像机的参数

◆ 摄像机的类型

◆ 摄像机的视图操作

◆ 摄像机的景深

第1节 摄像机的创建

摄像机可以通过多种方式创建，但不会因为创建方式不同，而使摄像机的使用产生区别。下面讲解两种创建摄像机的方法。

（1）在菜单栏中执行"图层－新建－摄像机"命令，时间轴面板中会生成摄像机，快捷键为Ctrl+Alt+Shift+C，如图3-1所示。

（2）在时间轴面板的空白处单击鼠标右键，执行"新建－摄像机"命令创建摄像机，如图3-2所示。

图3-1

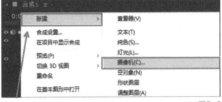

图3-2

第2节 摄像机的参数

在新建摄像机后，After Effects会弹出图3-3所示的摄像机设置对话框，在该对话框中可以对常用的参数进行调节。下面将对摄像机设置对话框中的参数进行讲解。

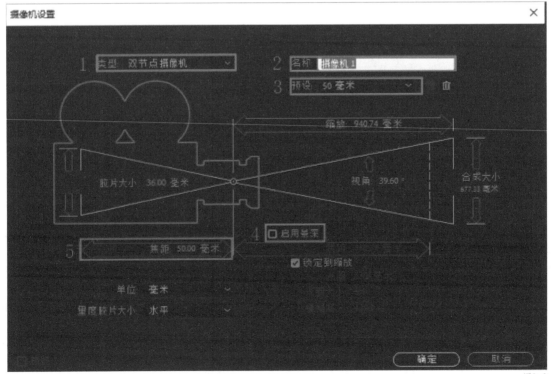

图3-3

类型是指摄像机的不同类型。

名称是指摄像机的名字。

预设是指摄像机的不同镜头和自定义镜头，并包括常用的镜头参数，如图3-4所示。

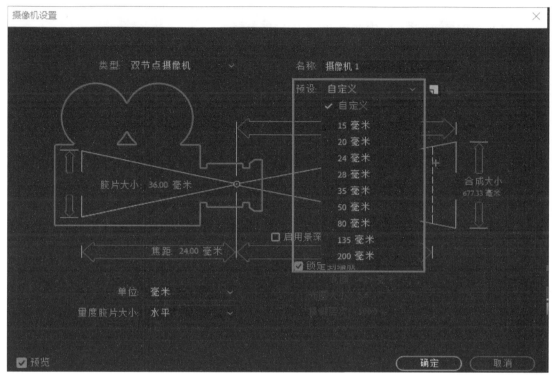

图3-4

不同镜头的显示范围和透视不一样，在制作时可以根据需要选择摄像机镜头。摄像机镜头分为广角镜头、标准镜头和长焦镜头。

广角镜头是指焦距在50mm以下的镜头，特点是透视效果强，画面显示范围大。

标准镜头是指焦距为50mm的镜头，特点是没有透视效果，画面显示为正常大小。

长焦镜头是指焦距在50mm以上的镜头，特点是透视效果弱，画面显示范围小。不同镜头的效果如图3-5所示。

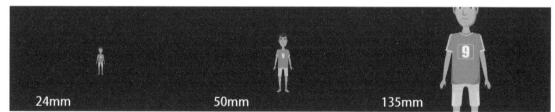

图3-5

启用景深是指打开摄像机的景深效果。当勾选"启用景深"后，会激活焦点距离、光圈和模糊层次这3个参数。改变焦点距离可以确定焦距范围。如果超出这个范围，图像就会变得模糊，如图3-6所示。

焦距是指焦点到摄像机的距离。选择某一个镜头预设后，焦距的数值会变为镜头预设的数值。

图3-6

提示 摄像机设置对话框中经常调节的参数为摄像机类型和预设。通常不会勾选"启用景深",一旦勾选了"启用景深",再次新建摄像机时,景深会默认为打开状态。

　　当关闭摄像机设置对话框后,在时间轴面板中双击摄像机,或者在菜单栏中执行"图层 – 摄像机设置"命令,可调出该对话框进行相关设置。

第3节　摄像机的类型

　　在创建三维空间时,需要使用摄像机调节视角。After Effects为用户提供了两种摄像机类型:单节点摄像机和双节点摄像机。在摄像机设置对话框中可以对摄像机类型进行选择,如图3-7所示。

　　单节点摄像机和双节点摄像机最大的区别在于控制动画的属性数量,单节点摄像机由一个属性控制,而双节点摄像机由两个属性控制。接下来分别对两种摄像机进行详细的讲解。

知识点 1　单节点摄像机

　　单节点摄像机的变换属性中只有位置、方向和旋转属性,和图层的变换属性的功能相同,如图3-8所示。

　　在控制动画时,单节点摄像机通过位置属性来控制摄像机的运动,只需要单击位置属性左侧的码表 记录关键帧即可。

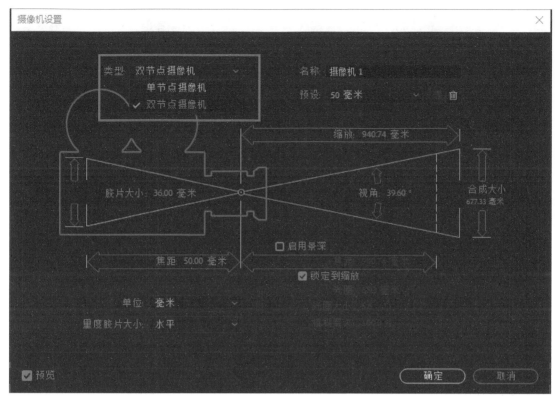

图3-7

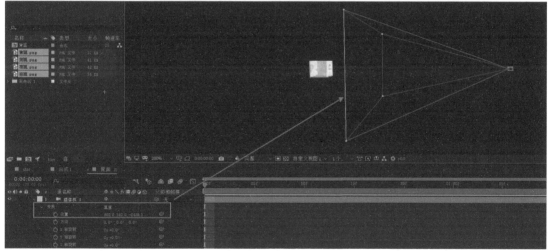

图3-8

知识点 2 双节点摄像机

双节点摄像机的变换属性中不仅包含位置、方向和旋转属性，还增加了目标点属性来控制摄像机的方向，如图3-9所示。

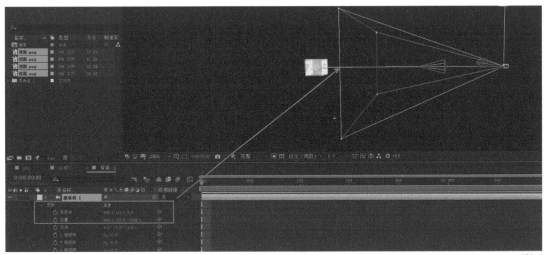

图3-9

在使用双节点摄像机制作动画时，不仅要记录位置属性的关键帧，还需要为目标点属性添加关键帧。如果只通过位置属性控制摄像机动画，动画主体不仅会偏离画面中心，还会使摄像机动画出现反向错误。

提示 单节点摄像机的参数少，便于调节，适合制作直线运动；而双节点摄像机的参数较多，对于直线运动或者有角度变化的曲线运动都能灵活控制。

第4节 摄像机的视图操作

摄像机的视图操作是通过工具栏中的摄像机工具进行的，快捷键为C。使用鼠标左键长按统一摄像机工具，会出现轨道摄像机工具、跟踪XY摄像机工具和跟踪Z摄像机工具，如图3-10所示。再次按快捷键C可在4种摄像机工具间切换。

图3-10

选择统一摄像机工具 后，按住鼠标左键可以旋转视图；按住鼠标滚轮可以平移视图，按住鼠标右键可以推拉视图，往里推为放大视图，往后拉为缩小视图。

选择轨道摄像机工具 后，按住鼠标左键拖曳可以旋转视图。这里的旋转只调整了摄像机的位置属性，区别于摄像机的旋转属性，因为摄像机的旋转属性直接旋转的是整个摄像机，如图3-11所示。

选择跟踪XY摄像机工具 后，按住鼠标左键拖曳会同时移动目标点和改变位置参数，更方便调整水平方向上和垂直方向上的距离，如图3-12所示。

选择跟踪Z摄像机工具 后，让摄像机前进或者后退，能够模拟真实摄像机的推拉效果。它和跟踪XY摄像机工具一样，改变的是摄像机的位置和目标点，如图3-13所示。

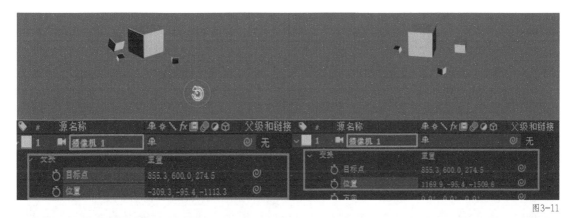

图3-11

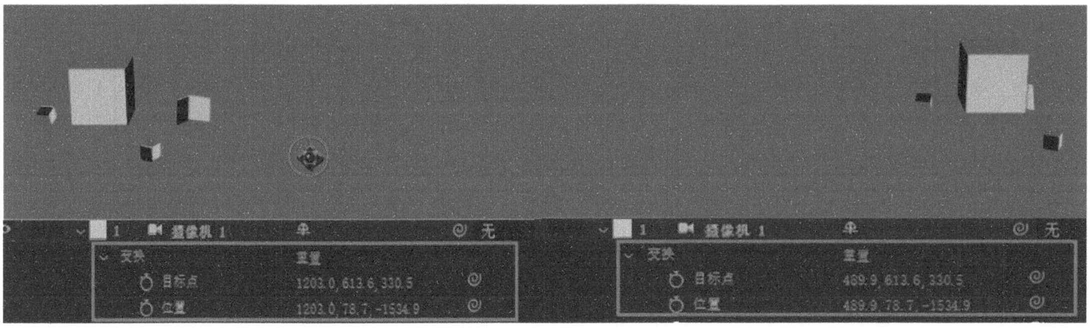

图3-12

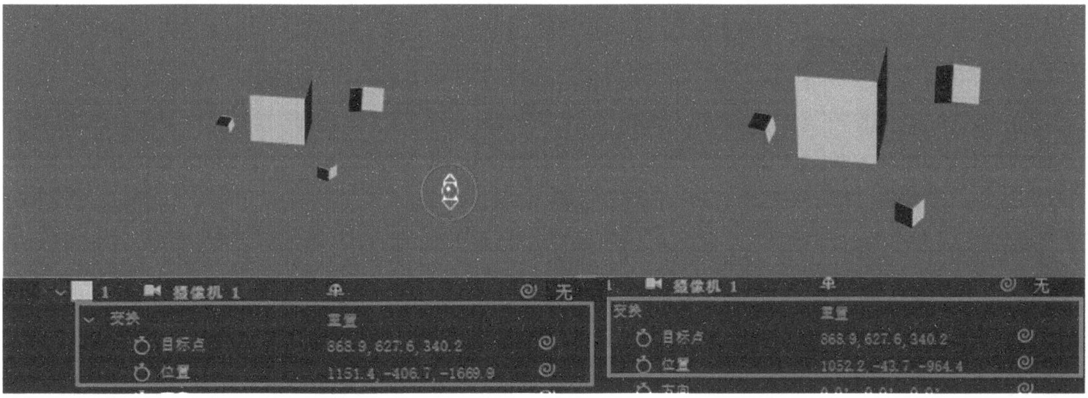

图3-13

第5节 摄像机的景深

通常设置景深时需要先选中图层，单击图层左侧的三角箭头，然后在摄像机选项中进行参数设置，如图3-14所示。

首先，打开摄像机的景深开关，确保动画主体进入焦距范围内并出现了模糊效果。

其次，调节焦距参数，配合查看器面板

图3-14

的自定义视图调整焦距数值。可以看到摄像机上有一个平面随着焦距的数值变化移动，而这个平面的位置决定了该位置上的物体是否清晰，如图3-15所示。

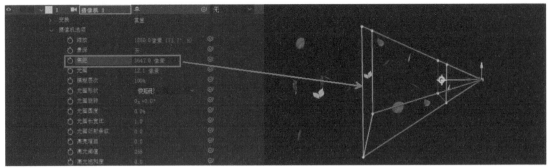

图3-15

光圈是指镜头孔径的大小，增大光圈属性的数值会增强景深模糊的程度。

提示 在真实摄像机中，增大光圈能够允许更多光的进入，但会影响曝光度。与大多数3D合成和动画应用软件一样，After Effects会忽略此光圈值更改的结果。

模糊层次是指图像中景深模糊的程度。当模糊层次属性的数值为"100%"时，将创建摄像机设置指示的自然模糊效果，降低该值可减弱模糊效果。

在设置任何情境的景深时，不仅要打开景深开关和调节焦距的范围，还要配合光圈和模糊层次属性的数值调整。只调整任意一项或者其中两项，都会影响到景深的呈现，如图3-16所示。

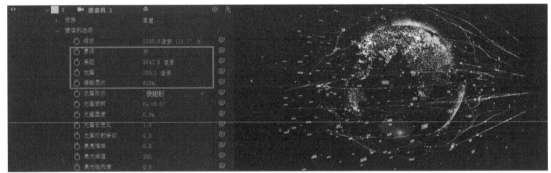

图3-16

第6节 综合案例——MARS ERA

学习摄像机的各项属性可以对摄像机有全面的了解。本节将通过一个案例对摄像机动画进行详细讲解。本案例最终效果如图3-17所示。

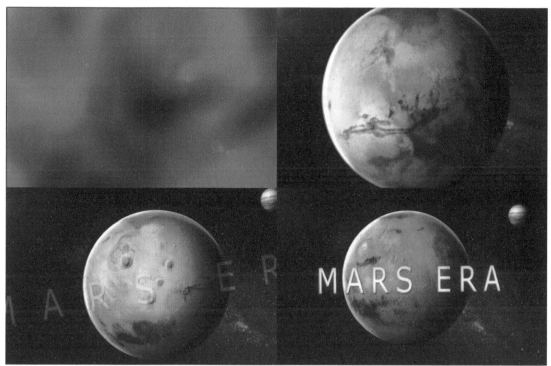

图3-17

■ 步骤01 素材的导入

在项目面板中的空白处单击鼠标右键，执行"导入–文件"命令导入本案例素材包中的素材，如图3-18所示。

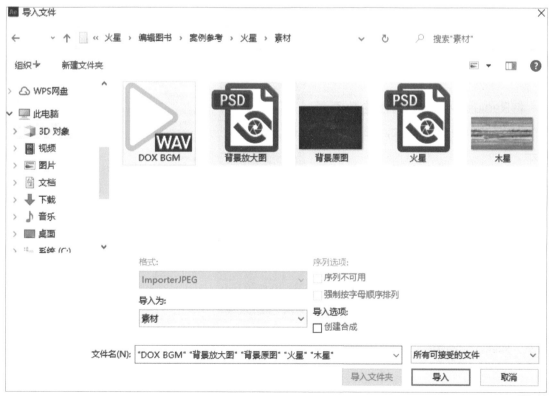

图3-18

■ 步骤02 "MARS EAR"合成的创建

在项目面板中将"背景原图"拖曳到"新建"按钮上创建合成，并修改合成名为"MARS EAR"，在时间轴面板打开该图层的三维开关，如图3-19所示。

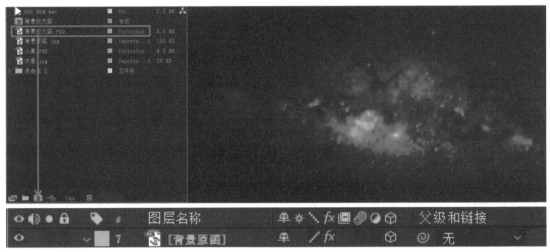

图3-19

■ 步骤03 火星的制作

在项目面板中将"火星"拖入时间轴面板中，并在时间轴面板中打开该图层的三维开关，选中"火星"图层，在菜单栏中执行"效果-透视-CC Sphere"命令，使图层变成一个球体，如图3-20所示。

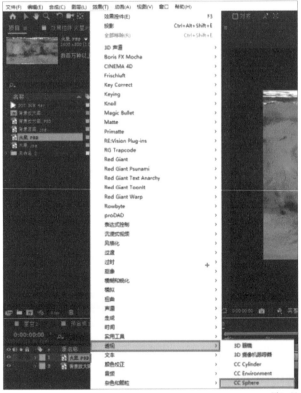

■ 步骤04 火星的基础形态制作

将Radius（半径）属性的数值调整为"400"，使火星变大，如图3-21所示。

展开"CC Sphere-Light（灯光）"将Light Intensity（照明强度）属性的数值调整为"145"，将火星表面的亮度提高。然后将Light Hight（灯光高度）属性的数值调整为"54"，增大灯光的照射范围。再将Light Direction（灯光方向）属性的数值调整为"-60"，改变灯光的角度，如图3-22所示。

图3-20

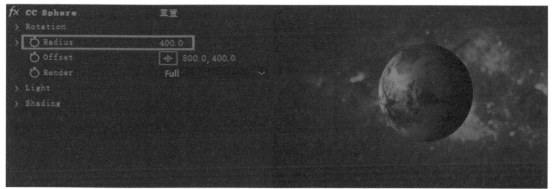

图3-21

图3-22

展开"CC Sphere-Rotation（旋转）"按住Alt键单击Rotation Y左侧的码表，输入表达式"time*30"，让火星始终进行旋转，如图3-23所示。

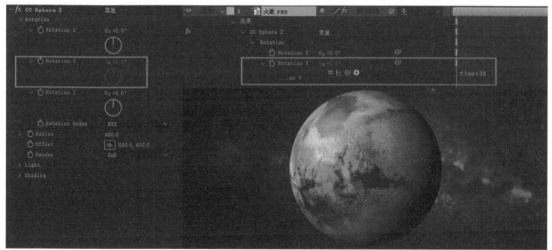

图3-23

提示 火星的光晕是通过复制"火星"图层完成制作的，为了保证两个图层的运动速度一致，应该先完成火星自转的动画，再进行复制。

■ 步骤05　火星光晕的添加

在时间轴面板中复制一个"火星"图层，并将其重命名为"火星光晕"，然后选中"火星光晕"图层，单击鼠标右键，执行"图层样式-内发光"命令，如图3-24所示。

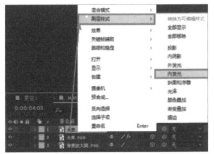

图3-24

■ 步骤06　调整火星光晕的细节

在时间轴面板中选中"火星光晕"图层，单击图层左侧的三角箭头，展开"图层样式-内发光"将大小属性的数值调整为"47"，以增大光晕的范围，将颜色属性的数值调整为"R:255 G:189 B:157"；将不透明度属性的数值调整为"82"，让光晕更明显一些如图3-25所示。

图3-25

■ 步骤07　对火星光晕和火星主体进行融合

选中"火星光晕"图层，在菜单栏中执行"效果-生成-填充"命令填充颜色，如图3-26所示。将颜色属性的数值调整为"R:0 G:0 B:0"，效果如图3-27所示。

图3-26

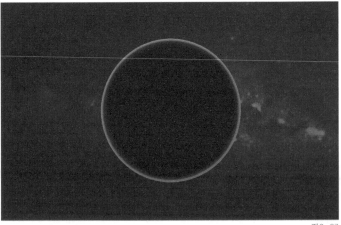

图3-27

选中"火星光晕"图层，单击鼠标右键，执行"预合成"命令，并在预合成对话框选中第二个选项，将填充保留在图层上，如图3-28所示。

选中"火星光晕"图层，打开其三维开关，并将图层的混合模式设为"相加"，如图3-29所示。

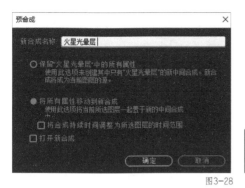

图3-28

图3-29

提示 如果时间轴面板没有显示模式属性一栏，请检查左下角的折叠按钮是否被开启。单击时间轴面板左下角不同的折叠按钮，可以展开或隐藏模式、父子级链接等属性栏。

选中"火星光晕"图层，使用椭圆工具在该图层上绘制椭圆形蒙版，并调整蒙版路径在火星阴影范围内，修改蒙版路径的运算方式为"相减"，将羽化值调整为"148"，让光晕和火星完美地融合，如图3-30所示。

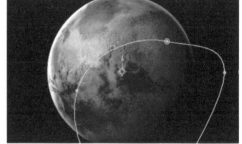

图3-30

提示 给"火星光晕"图层添加蒙版的目的是模拟火星受光照射后的明暗区域的分布变化。

同时选中"火星光晕"图层和"火星"图层，对两个图层进行预合成操作，命名预合成为"火星"，并打开其三维开关。

■ **步骤08 木星的制作**

在项目面板选中"木星"，并将其拖曳到时间轴面板中，在菜单栏中执行"效果-透视-CC Sphere"命令，将其变成球体。

■ **步骤09 木星的基础形态制作**

将Raduis（半径）属性的数值调整为"80"，缩小木星；将Offset（偏移值）属性的数值调整为"1036，-271"，调整好木星的位置，如图3-31所示。

展开"CC Sphere-Light"将Light Intensity（照明强度）属性的数值调整为"120"，提高木星表面的亮度；将Light Hight（照明高度）属性的数值调整为"52"，增大灯光的照射范围；将Light Direction（照明方向）属性的数值调整为"-55"，改变照射的角度，如图3-32所示。

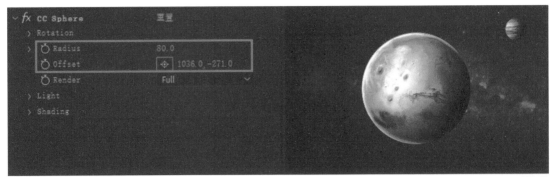

图3-31

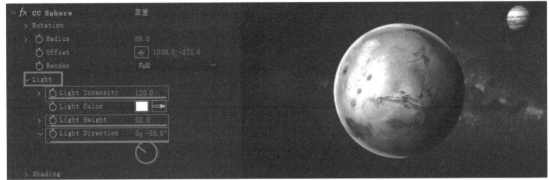

图3-32

展开"CC Sphere-Rotation（旋转）"按住Alt键单击RotationY轴"左侧的码表，并输入表达式"time*30"，让木星始终进行旋转，效果如图3-33所示。

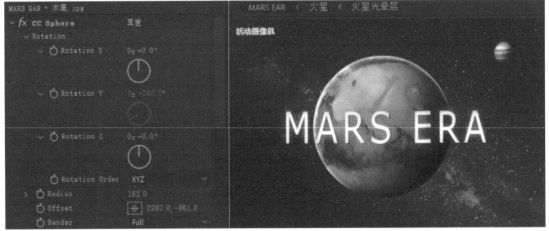

图3-33

■ 步骤10 制作木星的光晕

选中"木星"图层，在菜单栏中执行"效果－风格化－发光"命令为木星添加光感。将发光阈值属性的数值调整为"34.9"，增大发光范围。然后将发光半径属性的数值调整为"88"，增大光晕的面积。再将发光强度属性的数值调整为"0.4"，让光晕的亮度适中，如图3-34所示，效果如图3-35所示。

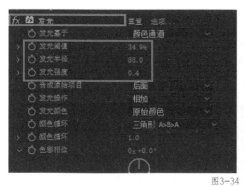

图3-34

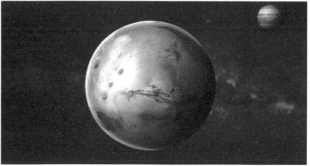

图3-35

■ 步骤11 制作场景中的光源

新建黑色图层，命名为"场景光源"，并打开其三维开关。在菜单栏中执行"效果－生成－镜头光晕"命令为图层添加光晕。将光晕中心属性的数值调整为"－28，0"，使光源位于场景的左上角。将镜头类型属性的数值调整为"105毫米定焦"，使光源更符合场景。将光源图层的混合模式修改为"屏幕"，以过滤掉黑色背景，如图3-36所示，效果如图3-37所示。

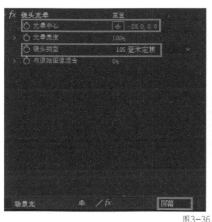

图3-36

图3-37

■ 步骤12 制作场景的主体

在菜单栏中执行"图层－新建－文本"命令，并输入英文"MARS EAR"。在字符面板中调整字体大小为"173"，调整字符间距为"119"，调整文字的细节。在段落面板中调整对齐方式为"居中对齐"，改变文字中心点，效果如图3-38所示。

图3-38

提示 文字的中心点要在段落面板中进行调整，中心点工具调整的是图层的中心点。

■ 步骤13 调整主体的细节

选中文字图层，在菜单栏中执行"效果－生成－梯度渐变"命令，使文字更有质感。

单击"梯度渐变"中的交换颜色"按钮，改变起始颜色和结束颜色的位置。将结束颜色属性的数值调整为"R:95 G:88 B:86"，将渐变起点属性的数值调整为"924.0，446.0"，将渐变终点属性的数值调整为"924，884"，使颜色的分布达到理想的效果，如图3-39所示，效果如图3-40所示。

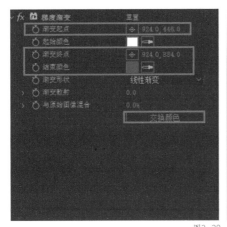

图3-39

图3-40

选中文字图层，在菜单栏中执行"效果－风格化－发光"命令，将发光阈值属性的数值调整为"40"，将发光半径属性的数值调整为"17"，将发光强度属性的数值调整为"0.5"，如图3-41所示，效果如图3-42所示。

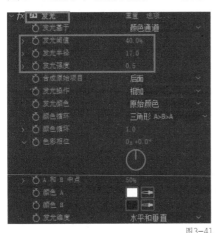

图3-41

图3-42

选中文字图层，在菜单栏中执行"效果－透视－投影"命令为文字增加阴影。

将方向属性的数值调整为"94"；将距离属性的数值调整为"14"，调整文字投影的形态；在效果面板中将"投影"效果拖曳到"发光"效果的上层，如图3-43所示。

提示 After Effects中，图层之间有上下层关系，三维图层除外；而效果也有上下层关系，After Effects会先计算上层效果。

图3-43

■ 步骤14 制作摄像机动画

在时间轴面板中的空白处单击鼠标右键，执行"新建－摄像机"命令。在摄像机设置对话框中选择类型为"双节点摄像机"，选择预设为"24毫米"，如图3-44所示。

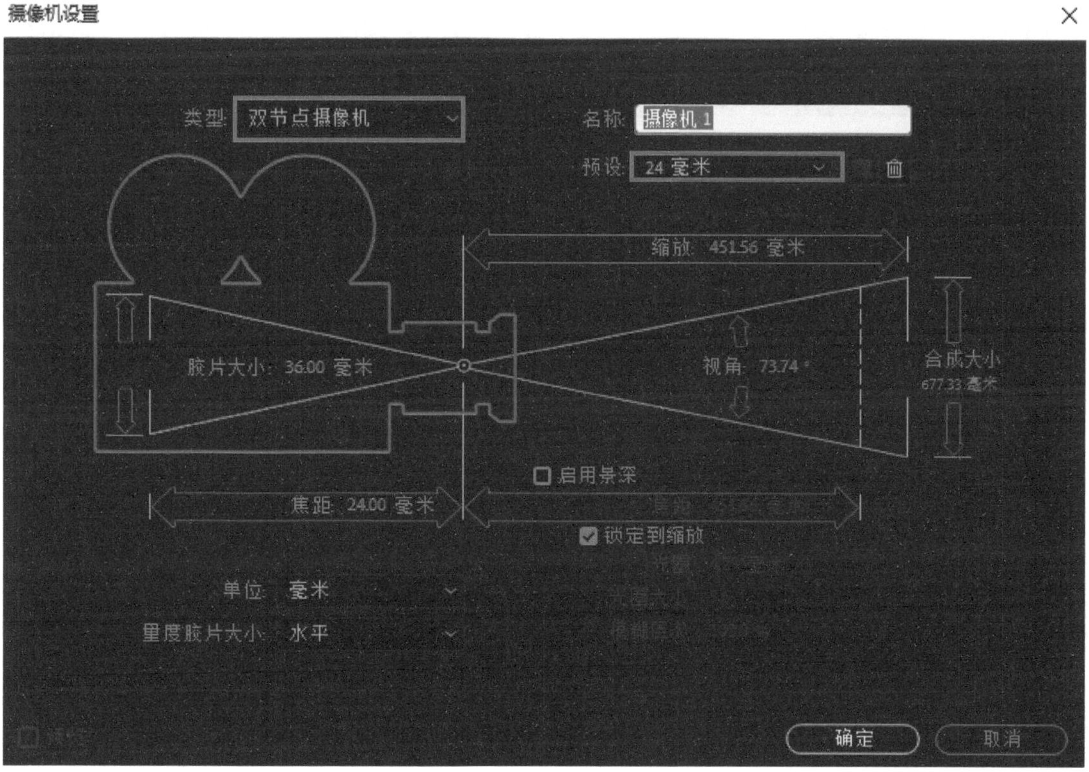

图3-44

在查看器面板中单击"视图切换"按钮，将活动视图切换成"自定义视图1"，以便操作。将文字、场景光、火星、木星、背景根据位置属性的z轴按顺序依次排开，如图3-45所示。

将每个图层的位置调整好后，图层会因为近大远小的透视规律在视图中变小，从而穿帮。分别调整每一个图层的缩放属性的数值，将图层调整到合适的尺寸，具体参数如图3-46所示。

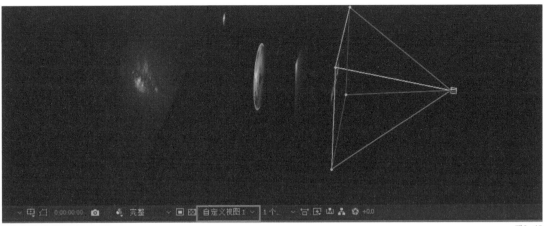

图3-45

图3-46

在项目面板中将"背景音乐"拖曳到时间轴面板中，按两次L键展开音频波形，根据背景音乐的时长确定整体动画的时长。

将时间指示器拖曳到第9秒处，选择摄像机，展开摄像机的变换属性，分别为目标点和位置属性添加结束关键帧。设置目标点属性的数值为"960，600，00"；设置位置属性的数值为"960，600，-1280"，如图3-47所示。

图3-47

提示　在After Effects中，当动画关键帧最后一帧的参数为默认值时，会从最后一帧开始记录关键帧，这种方法叫反向关键帧动画。

将时间指示器拖曳到第0帧，选择摄像机工具，按住鼠标右键在查看器面板中向里推动摄像机，目标点和位置属性会自动记录关键帧。目标点属性的数值为"960.0，600.0，1352.0"；设置位置属性的数值为"960.0，600.0，72"，如图3-48所示。

图3-48

选中摄像机的Z轴旋转属性，在第9帧处添加关键帧，Z轴旋转属性的数值为"0"，将时间指示器拖曳到第1帧处，调整Z轴旋转属性的数值为"30"，选中摄像机，按U键显示所有关键帧。框选第9秒上的所有关键帧，单击鼠标右键执行"关键帧辅助－缓入"命令将关键帧转换为变速关键帧，如图3-49所示。

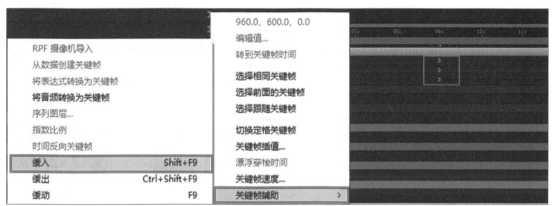

图3-49

> **提示** 现实生活中所有的物理运动都不是匀速的，用户在After Effects中制作完关键帧动画后，可以模拟现实中的运动规律来改变关键帧类型。关键帧辅助中提供了3种关键帧变速形式，在这里选择第一种——缓入关键帧。

■ 步骤15 制作摄像机景深动画

在时间轴面板中单击摄像机图层左侧的三角箭头，将"摄像机选项"下的景深调整为"开"，并通过查看器面板的自定义视图调整焦距属性的数值为"1670.0"；然后将光圈属性的数值调整为"133.1"；再将模糊层次属性的数值调整为"161"，使整个场景变得模糊，如图3-50所示。

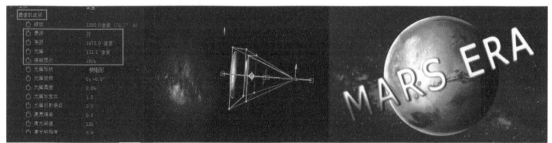

图3-50

由于摄像机景深动画是从整体模糊到整体清晰的，因此需要调整光圈或者模糊级别中的任意一项来控制景深。将时间指示器拖曳到第0帧处，并将光圈属性的数值调整为"180.0"，然后单击码表添加关键帧，如图3-51所示，效果如图3-52所示。

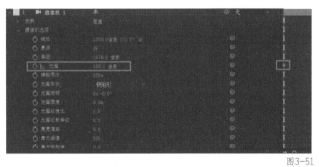

图3-51

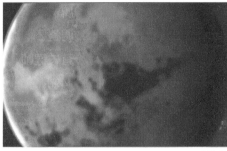

图3-52

将时间指示器拖曳到第3秒处,将光圈属性的数值调整为"0",使景深从模糊过渡到清晰,如图3-53所示,效果如图3-54所示。

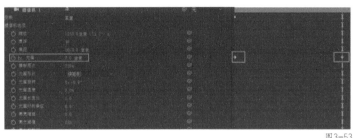

图3-53

图3-54

■ 步骤16 制作文字主体动画

在时间轴面板中单击文字图层左侧的三角箭头,执行"动画-字符间距"命令,将时间指示器拖到第9秒处,调整文字的字符间距大小属性的数值为"0",并添加关键帧,如图3-55所示。

图3-55

再将时间指示器拖曳到第3秒处,调整文字字符间距大小属性的数值为"257",使文字从分开到合并,如图3-56所示。

选中文字图层,按快捷键U显示所有关键帧,并框选第9秒上的所有关键帧,然后按快捷键Shift+F9将关键帧转换为变速关键帧。

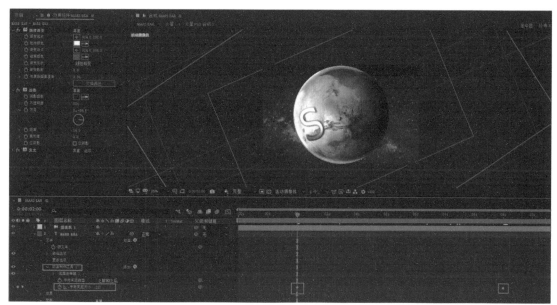

图3-56

再次选中文字图层，将时间指示器拖曳到第6秒处，将文字图层不透明度属性的数值调整为"100"。再将时间指示器拖曳到第3秒的位置，将不透明度属性的数值调整为"0"，使文字的出场效果更为自然。

■ **步骤17 制作场景光的位置动画**

选中"场景光源"图层，将时间指示器拖曳到第0帧处，调整光晕中心属性的数值为"105，64.1"，并添加关键帧。再将时间指示器拖曳到第12秒处，调整光晕中心属性的数值为"-385.8，64.1"，使光晕进行从左到右的运动，如图3-57所示。

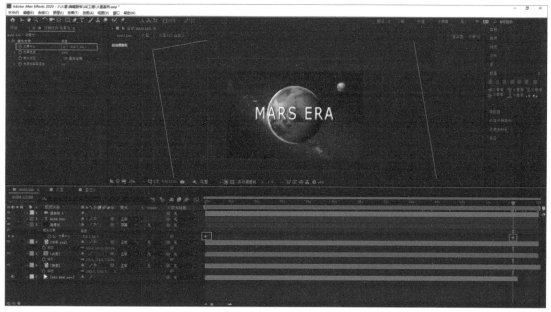

图3-57

■ **步骤18 制作出场动画**

新建黑色图层。将时间指示器拖曳到第11秒处，调整图层的不透明度属性的数值为"100"；再将时间指示器拖曳到第12秒处，调整图层不透明度属性的数值为"0"，使整个场景逐渐消失。

至此，本案例已讲解完毕。请扫描图3-58所示二维码观看视频本案例详细操作视频。

图3-58

第7节 综合案例——雪山穿梭

本案例将搭建一个雪山场景，然后利用摄像机运动展示整个场景，效果如图3-59所示。

图3-59

■ **步骤01 基础制作**

在项目面板空白处单击鼠标右键，执行"文件–导入"命令导入本案例素材包中所有素材。

按快捷键Ctrl+N，新建尺寸为"1280×720"、时长为10秒的合成，并命名为"摄像机的平移运动"。

■ **步骤02 搭建场景参照**

在时间轴面板空白处单击鼠标右键，执行"新建–摄像机"命令，并在摄像机设置对话框中选择类型为"双节点摄像机"，将预设调整为"24毫米"，使视图展现的画面范围更大。

在项目面板中将"天空"拖曳到时间面板中，并打开该图层的三维开关。选中"天空"图层，将位置属性参数调整为"1536.0，1024.0，10000.0"，将缩放属性参数调整为"1451.0，1451.0，1451.0"，使天空的距离最远，并能完整呈现在视图中，如图3-60所示。

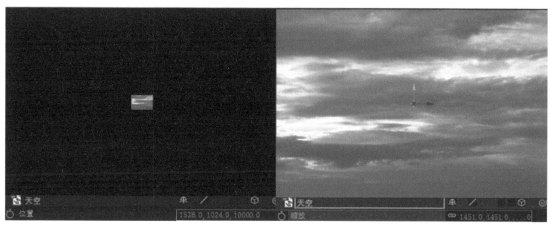

图3-60

提示 在搭建大场景时，如果有天空和地面，要尽量先搭建天空和地面。因为天空是最远的，地面是承载的平台，其他素材需要它们作为参照。如果场景比较大、图层比较多，需要将场景分多次进行搭建，以防空间关系错乱。

■ 步骤03 搭建雪山

搭建场景时，图层比较多，需要在项目面板中双击参考视频，并在时间轴面板中将时间指示器拖曳到第5秒处，方便在搭建场景时进行参考。

然后单击查看器面板中的"视图切换"按钮，将视图切换成两个，左边为顶视图，右边为活动视图，方便调整图层的空间位置，效果如图3-61所示。

图3-61

在项目面板中将"山1"拖曳到时间轴面板中，并打开该图层的三维开关。将其位置属性参数调整为"-2044.0，50.0，1282.0"；再单击缩放属性的"链接"按钮，将x轴参数调整为负数，使图层翻转，调整缩放属性参数为"-496.7，496.7，496.7"，如图3-62所示。

在项目面板中将"山2"拖曳到时间轴面板中，并打开该图层的三维开关。将其位置属性参数调整为"326.8，−8.7，1800.0"；再单击缩放属性的"链接"按钮，将 x 轴参数调整为负数，使图层翻转，调整缩放属性参数为"−173.0，173.0，173.0"，如图3-63所示。

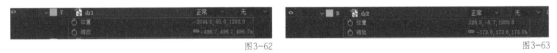

图3-62　　　　　　　　　　　　　　　图3-63

在项目面板中将"山3"拖曳到时间轴面板中，并打开该图层的三维开关。将其位置属性参数调整为"−772.0，−222.0，2400.0"；再单击缩放属性的"链接"按钮，将 x 轴参数调整为负数，使图层翻转，调整缩放属性参数为"−179.0，179.0，179.0"，如图3-64所示。

在项目面板中将"山4"拖曳到时间轴面板中，并打开该图层的三维开关，将其位置属性参数为"2257.7，340.3，2650.0"；再单击缩放属性的"链接"按钮，将 x 轴参数调整为负数，使图层翻转，调整缩放属性参数为"−158.0，158.0，158.0"，如图3-65所示。

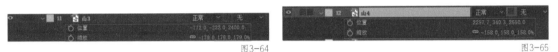

图3-64　　　　　　　　　　　　　　　图3-65

选中"山4"图层并复制一层，将新图层标签颜色调整为黄色，使其与上一个图层有所区分，将位置属性参数调整为"1981.0，174.1，3000.0"，如图3-66所示。

在项目面板中再次将"山4"拖曳到时间轴面板中，并打开该图层的三维开关。将该图层标签颜色调整为黄色，使该图层与前两个"山4"图层有所区分。将位置属性参数调整为"365.5，−573.2，4000"；再将缩放属性参数调整为"265.0，265.0，265.0"，如图3-67所示。

图3-66　　　　　　　　　　　　　　　图3-67

在项目面板中将"山5"拖曳到时间轴面板中，并打开该图层的三维开关，将其位置属性参数调整为"−528.5，−1927.8，4600.0"；再将缩放属性参数调整为"412.0，412.0，412.0"，如图3-68所示。

在项目面板中将"山6"拖曳到时间轴面板，并打开该图层的三维开关，将其位置属性参数调整为"4396.0，832.0，4500.0"；再将缩放属性参数调整为"358.9，358.9，358.9"，如图3-69所示。

图3-68　　　　　　　　　　　　　　　图3-69

在项目面板中将"山7"拖曳到时间轴面板中，并打开该图层的三维开关，将其位置属性参数调整为"6209.0，84.0，6538.7"；再将缩放属性参数调整为"525.0，525.0，525.0"，如图3-70所示。

选中"山7"图层并复制一层，将新图层标签颜色调整为橙色，使复制的图层与上一个图层有所区分，将位置属性参数调整为"2618.0，820.0，4800.0"，如图3-71所示。

图3-70

图3-71

在项目面板中再次将"山2"拖曳到时间轴面板中，并打开该图层的三维开关；将图层标签颜色调整为紫红色，使该图层与前面的"山2"图层有所区分。将该图层的位置属性参数调整为"3198.0，220.0，1800.0"；再将缩放属性参数调整为"145.0，145.0，145.0"，如图3-72所示。

图3-72

当第5秒处的雪山搭建完成后，效果如图3-73所示。

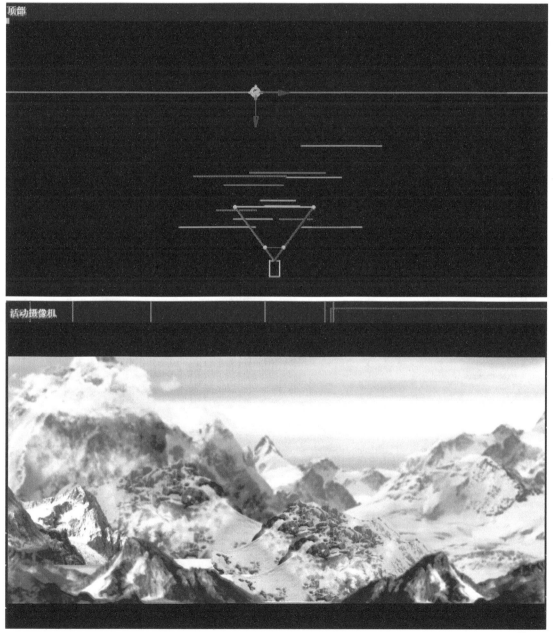

图3-73

■ **步骤04 场景地面的填补**

由于只初步搭建了雪山，没有搭建地面作为雪山的遮挡和融合，因此雪山在场景中会出现硬边等穿帮效果，如图3-74所示。

图3-74

在项目面板中将"地面"拖曳到时间轴面板中，单击鼠标右键，执行"预合成"命令。根据地面图层的轮廓，用钢笔工具在预合成上绘制蒙版路径，将蒙版羽化属性参数调整为"181.0，181.0"，效果如图3-75所示。

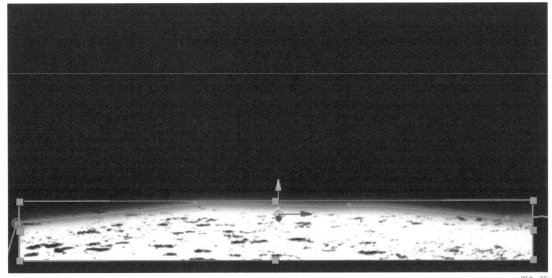

图3-75

打开"地面"图层的三维开关，将位置属性参数调整为"920.0，1136.0，1888.0"；将缩放属性参数调整为"100.0，100.0，100.0"，如图3-76所示。

图3-76

选中"地面"图层并复制一层,将新图层标签颜色调整为红色,使该图层与前一个"地面"图层有所区分。将该图层的位置属性参数调整为"562.0,1114.0,2256.0",如图3-77所示。

图3-77

再次复制"地面"图层,将新图层标签颜色调整为绿色,使该图层与前两个"地面"图层有所区分。将该图层的位置属性参数调整为"4434.0,1294.0,4352.0";再将缩放属性参数调整为"144.0,144.0,144.0",如图3-78所示。

■ **步骤05 人物的搭建**

在项目面板中将"人1"拖曳到时间轴面板中,并打开该图层的三维开关。将其位置属性参数调整为"16.4,−233.0,4300.0";再单击缩放属性的"链接"按钮,将X轴参数调整为负数,使图层翻转,调整缩放属性参数为"−165.7,165.7,167.5",如图3-79所示。

图3-78

图3-79

在项目面板中将"人2"拖曳到时间轴面板中，并打开该图层的三维开关。将其位置属性参数调整为"2344.0，750.0，2100.0"，再将其缩放属性参数调整为"68.0，68.0，68.0"，如图3-80所示。

在项目面板中将"人3"拖曳到时间轴面板中，并打开该图层的三维开关。将其位置属性参数调整为"2723.0，784.5，2212.1"，再将其缩放属性参数调整为"102.6，102.6，102.6"，如图3-81所示。

■ 步骤06 制作摄像机动画

在制作摄像机动画前，可以先看一下参考样片中的动画，然后将时间指示器拖曳到第0帧处，选择摄像机工具，按住鼠标中键向左平移摄像机直到"山1"盖住画面。将其目标点属性参数设置为"-1598.0，360.0，0.0"，将其位置属性参数设置为"-1598.0，360.0，-853.3"，如图3-82所示。

图3-80

图3-81

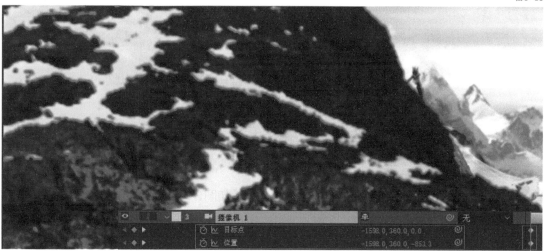

图3-82

提示 文中的数值只是参考，制作动画时要根据实际情况进行调整。

再将时间指示器拖曳到第10秒处，选择摄像机工具，按住鼠标中键向右平移摄像机直到"人1"图层即将移出画面。摄像机的目标点和位置属性将自动添加关键帧，设置目标点属性参数为"3456.0，360.0，0.0"；设置位置属性参数为"3456.0，360.0，-853.3"，如图3-83所示。

图3-83

■ **步骤07 调整场景细节**

将摄像机拖曳到场景左边后，画面右边的"山2"图层出现了断层。从项目面板中将"右山1"拖曳到时间轴面板中，并打开该图层的三维开关。将其位置属性参数调整为"5916.0，350.0，1282.3"；将其缩放属性参数调整为"534.0，534.0，534.0"，如图3-84所示。

图3-84

新建橙色图层，用椭圆工具在该图层上绘制蒙版，如图3-85所示。

再将蒙版羽化属性参数调整为"281.0，281.0"；并调整图层的混合模式为"相加"，调整不透明度属性参数为"28%"，如图3-86所示。

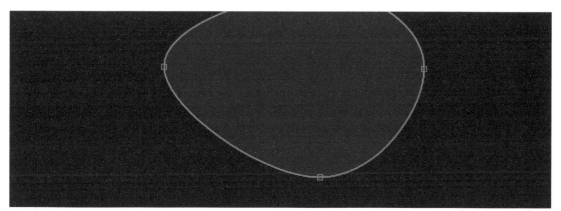

图3-85

图3-86

　　调整好场景中的细节后，再通过摄像机的景深来突出场景的主体。在查看器面板中单击"视图切换"按钮，将视图调整为两个，修改其中一个视图为自定义视图。

　　选择摄像机，单击摄像机左侧的三角箭头，执行"摄像机选－景深"命令，然后将焦点属性参数调整为"3468.0"，将光圈属性参数调整为"172"，再将模糊层次属性参数调整为"231"，效果如图3-87所示。

图3-87

新建黑色图层，使用矩形工具在该图层中间绘制一个矩形蒙版，将蒙版的运算模式调整为"相减"，如图3-88所示。

图3-88

在时间轴面板中选中所有图层，单击鼠标右键，执行"预合成"命令，并重命名为"场景"。将时间指示器拖曳到第0帧处，选中"场景"图层，将不透明度属性参数调整为"0"。再将时间指示器拖曳到第1秒05帧处，将不透明度属性参数调整为"100"，使图层有出场动画。

接下来制作场景的出场动画，将时间指示器拖曳到第8秒20帧处，选中"场景"图层，单击不透明度属性左侧的关键帧按钮◆，添加空白关键帧，再将时间指示器拖曳到第10秒处，将不透明度属性参数调整为"0"，如图3-89所示。

图3-89

至此，本案例讲解完毕。请扫描图3-90所示二维码观看视频本案例详细操作视频。

图3-90

本课练习题

1. 单选题

（1）摄像机创建的方式有几种？（　　　）

A. 1种　　　　　　B. 2种　　　　C. 3种　　　　　D. 4种

（2）使用统一摄像机工具时，按住鼠标（　　）可以推拉视图。

A. 左键　　　　　　B. 右键　　　C. 鼠标滚轮

（3）调整景深时，光圈的作用是（　　）。

A. 决定时间轴面板中清晰的位置　　B. 控制景深的模糊范围大小

C. 控制景深的模糊程度　　　　　　D. 打开景深的开关

（4）双节点摄像机做平移运动时，会给哪几个属性添加关键帧？（　　　）

A. 位置　　　　　　　　　　B. 位置和旋转

C. 旋转和目标点　　　　　　D. 位置和目标点

参考答案：（1）B　（2）B　（3）B　（4）D

2. 操作题

参考图3-91所示的效果，使用本课提供的素材搭建立方体，并将摄像机往前推动后再绕着立方体旋转一圈。

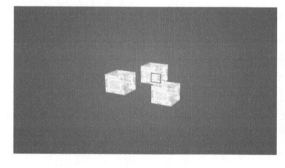 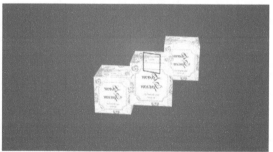

图3-91

操作题要点提示	图层必须为三维图层。
	摄像机的旋转需要利用空对象图层带动。

第 **4** 课

灯光

在实际生活中，灯光无处不在，大到太阳光，小到白炽灯光。在After Effects中构建三维空间时，同样也需要为三维空间手动设置灯光，以模拟真实的空间光影效果。

本课主要讲解After Effects中关于灯光的基本知识。

本课知识要点

◆ 灯光的应用

◆ 灯光的类型

◆ 灯光的属性

◆ 真实的阴影效果

◆ 灯光下的三维图层材质属性

第1节 灯光的应用

灯光在自然界和生活中都是不可或缺的，它们的存在方式有很多种。在实际拍摄中，会通过人为布光的方式，使拍摄对象达到更美观的效果。在软件中，灯光可以用于照亮三维场景并产生投影，也可以用于匹配合成场景的光照条件创建出有趣的视觉效果。

知识点 1 真实世界中的光

软件中的灯光是为了模拟真实世界中的光而设置的。在真实世界中，最普遍的光是太阳光，它能照亮整个自然界，被它照射的物体会产生投影，如图4-1所示。

图4-1

生活中，常见的灯光有白炽灯光、舞台灯光等。白炽灯从光源向四周发射光线，其光照强度随光源距离的增加而减弱；舞台灯光是受锥形物约束的光源发出的光，如图4-2所示。

图4-2

在实际拍摄中，人为布光的方法有很多种，最常用的是三点布光法。三点布光法的原则是：为拍摄主体分别创建主体光、辅助光和轮廓光（又称背景光），如图4-3所示。其中，主体光的位置可根据被照射物体的不同和所要效果的不同进行调整，例如主体前方45°、侧面135°及大背光等。

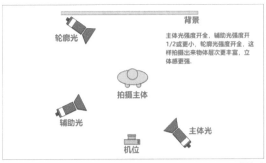

图4-3

知识点 2　软件中的灯光

在After Effects中，灯光可以用于照明三维场景，也可以让物体与场景完美融合，如图4-4所示。软件中的灯光类型从真实世界中提取而来，布光方式与实际拍摄的布光原理基本相同，且较为简单。

图4-4

第2节　灯光的类型

创建灯光有以下两种方法。第一种方法是在菜单栏中执行"图层-新建-灯光"命令，快捷键为Ctrl+Alt+Shift+L，如图4-5所示。第二种方法是在时间轴面板的空白处单击鼠标右键，执行"新建-灯光"命令，如图4-6所示。

图4-5

图4-6

创建灯光后，在弹出的灯光设置对话框中有4种灯光类型，分别是平行光、聚光灯、点光和环境光，如图4-7所示。

知识点 1　平行光

平行光是指从无限远的光源处发出的无约束定向光，其效果接近来自太阳等光源的光照，可以照亮场景中的任何地方，使被照射物体产生投影。平行光具有方向性，被照射物体产生的阴影没有模糊效果，如图4-8所示。

图4-7

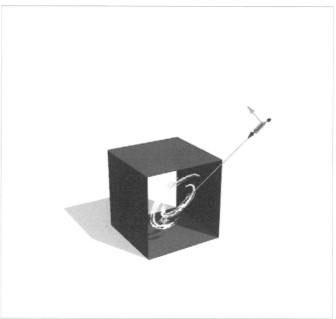
图4-8

知识点2 聚光灯

聚光灯为圆锥形发射光线，根据圆锥的角度确定照射范围，类似舞台灯光效果。聚光灯可生成有光区域和无光区域，可产生阴影。聚光灯有方向性，产生的阴影有模糊效果。聚光灯在实际操作时经常配合环境光使用，使无光区域不过黑，达到场景光照的和谐和平衡目的，如图4-9所示。

知识点3 点光

点光是指从一个点发出的无约束的全向光，类似白炽灯光的效果。被照射物体与光源距离不同，受到的光照强度也不同，点光可产生有模糊效果的阴影。点光在实际操作时也经常配合环境光使用，如图4-10所示。

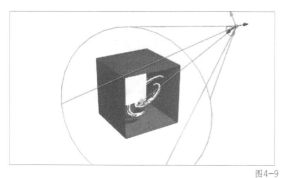
图4-9

图4-10

知识点 4 环境光

环境光是指有助于提高场景整体亮度的光照，它没有光源，不产生阴影。因为环境光在空间中的位置不会影响其他图层，所以环境光在查看器面板中没有对应图标，效果如图4-11所示。

图4-11

第3节 灯光的属性

除环境光以外，灯光的属性分为两个部分，一部分是它的变换属性，另一部分是它的灯光选项属性。下面将分别对4种灯光的属性进行具体讲解。

知识点 1 平行光的属性

变换属性主要控制灯光的光源及照射的位置，灯光选项属性包含一些关于灯光自身的参数设置，如图4-12所示。

1. 变换属性

目标点是指灯光所照射的位置，通常将被照射物体所在的位置作为目标点的位置。

位置是指灯光自身所在的位置，即光源。默认创建出来的平行光和目标点在同一水平线上，通常需要调整位置属性的y轴数值来将其与被照射物体形成一定的角度，以便将其照亮，如图4-13所示。

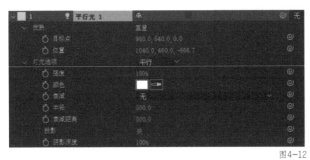

图4-12

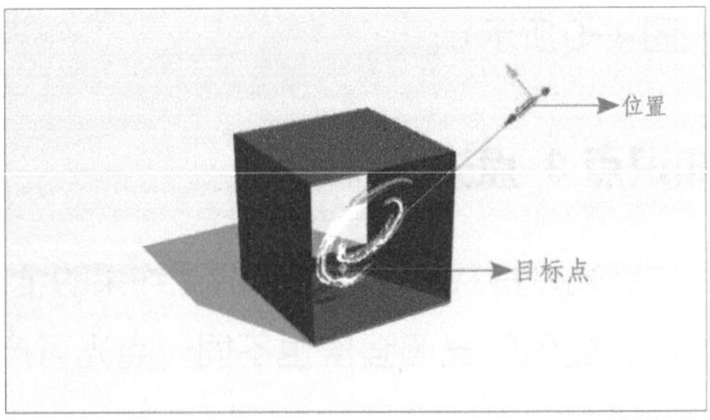

图4-13

2. 灯光选项属性

强度是指光照的亮度，数值越大，光照越强，将其设置为负值可产生吸光效果。当场景里有其他灯光时，可将强度调整为负值以降低光照强度。

颜色是指光的颜色，单击颜色右侧的色块，可以在颜色面板中选择所需颜色，也可用最右侧的吸管工具吸取颜色。

衰减是指光照的强度如何随距离的增加而变小。当衰减为"无"时，即使图层和光照之间的距离增加，光照强度也不会减弱。当衰减为"平滑"或"反向正方形已固定"时，会根据不同的数学计算方式得出的两种衰减类型，可根据效果进行选择，如图4-14所示。

图4-14

半径用于指定光照衰减的半径。在此距离内，光照强度是不变的。在此距离外，光照强度衰减。

衰减距离用于指定衰减的距离。衰减距离为"0"时，边缘不产生柔和效果，如图4-15所示。

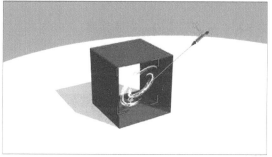

图4-15

投影用于指定光源是否使图层产生投影。材质选项下的投影只有为"开"，图层才能投影，该选项不是默认设置；接受阴影材质选项为"开"，该选项是默认设置。

阴影深度用于调节阴影的黑暗程度，数值越小，阴影越淡。仅当选择了投影为"开"时，此属性才处于激活状态。

知识点 2 聚光灯的属性

聚光灯的基本属性同样分为两个部分，如图4-16所示。其中，变换属性下的目标点和位置，以及灯光选项下的强度、颜色、衰减、投影和阴影深度与平行光相同。下面对聚光灯的独有属性进行具体讲解。

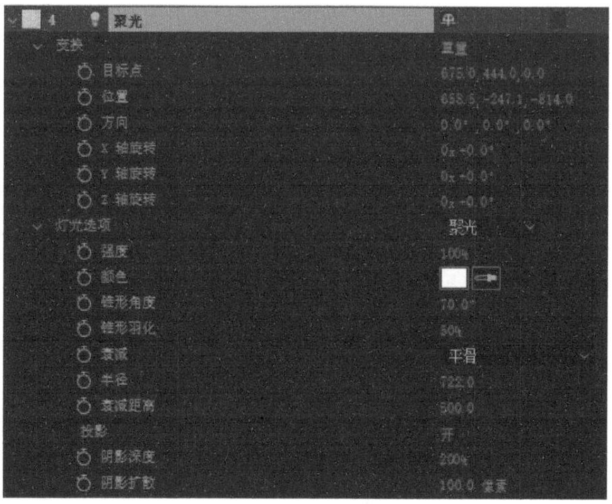

1. 变换属性

方向是指基于世界坐标的旋转。当调整方向属性的数值时，只有图层中的对象会发生移动，图层的坐标轴不会发生转动，3个方向上的数值最大为"360°"。

X轴旋转、Y轴旋转和Z轴旋转是指

图4-16

基于对象自身坐标的旋转。调整其中一个轴，该对象的轴向将与其他对象的轴向不一致。

无论是对聚光灯的方向属性中的3个数值进行调整，还是分别调整3个轴向的数值，对聚光灯来讲，所实现的效果是相同的，如图4-17所示。

2. 灯光选项属性

锥形角度是指聚光灯的照射区域，数值越大，照射区域越大。

锥形羽化是指聚光灯光照的边缘柔化效果，数值越大，边缘越柔和，如图4-18所示。

半径用于在聚光灯照射的锥形范围内指定光照强度衰减的半径，在此距离内，光照强度不变；在此距离外，光照强度衰减。

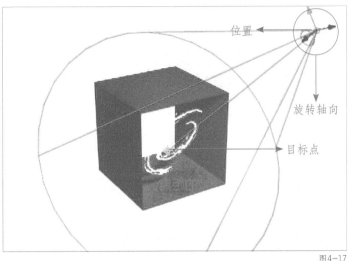

图4-17

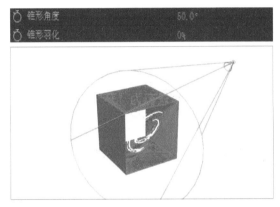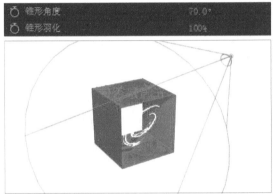

图4-18

衰减距离用于指定衰减的距离。在聚光灯照射的锥形范围内，基于锥形羽化的效果，数值越大，虚化范围越大，如图4-19所示。

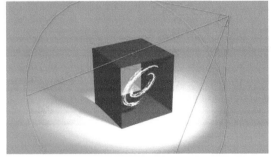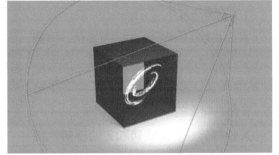

图4-19

阴影扩散用于设置阴影的柔和程度，数值越大，边缘越柔和。仅当选择了投影为"开"

时，此属性才处于激活状态。

知识点 3 点光的属性

点光的基本属性同样分为两个部分，如图4-20所示。

1. 变换属性

位置是指灯光自身所在的位置，即光源。因为点光是从一个点向四周（360°）发射光线的，所以它没有目标点，如图4-21所示。

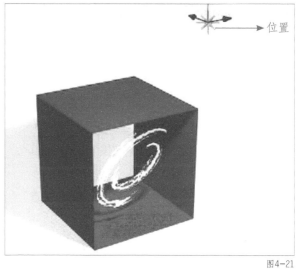

图4-21

图4-20

2. 灯光选项属性

半径用于指定光照强度衰减的半径。

衰减距离用于指定衰减的距离。衰减距离为"0"时，边缘不产生柔和效果，如图4-22所示。

图4-22

知识点 4 环境光的属性

环境光因为没有发射点和方向性，所以没有位置或者目标点属性。它的属性只有灯光选项。在环境光的灯光选项中，强度和颜色与平行光、聚光灯和点光的相同，如图4-23所示。

图4-23

在实际操作中，经常调节的是平行光、聚光灯和点光的变换属性，灯光选项属性下的强度、颜色、投影及聚光灯中的锥形角度和锥形羽化。灯光选项属性下是否有投影、投影下是否有阴影扩散选项是判断使用哪一种灯光照亮三维场景的基本依据。

第4节　真实的阴影效果

平行光、聚光灯、点光这3种灯光都可以使物体产生阴影效果，如图4-24所示。3种灯光类型要实现真实的阴影效果，都需要具备以下3个条件。

（1）将灯光的灯光选项下的投影打开，如图4-25所示。

（2）将所有被照射的三维图层的材质选项下的投影打开，如图4-26所示。

图4-24

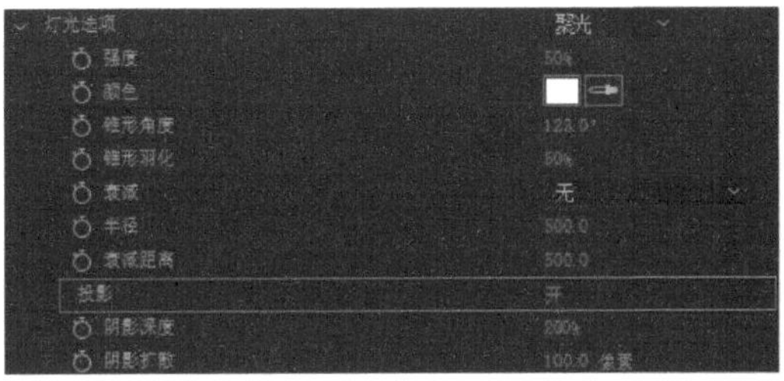

图4-25 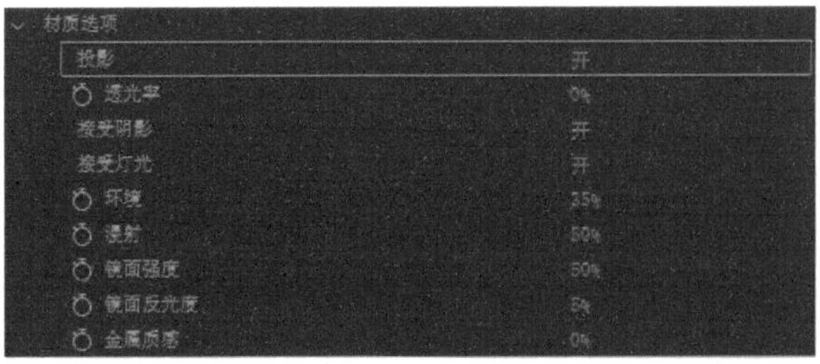　　　　　　　　　　　　　　　　　图4-26

（3）检查三维图层的材质选项下的接受阴影是否打开（一般为地面）。默认状态下接受阴影和接受灯光为开启状态，如图4-27所示。

提示 在使用聚光灯、平行光、点光中的任意一种灯光作为主光源时，根据具体需要的效果，可借助环境光作为辅助灯光提亮整个场景，达到画面亮度和谐的效果。环境光的强度一般低于主光源的强度。

图4-27

第5节　灯光下的三维图层材质属性

三维图层具有材质选项属性，用以确定三维图层与光照和阴影交互的方式，如图4-28所示。创建灯光后，调整材质选项下的参数可以得到不同的效果。

图4-28

知识点 1　投影

投影是指当前图层是否在其他图层上投影，投影的方向和角度由光源的方向和角度决定。可以在"开""关""仅"选项之间进行切换，如图4-29所示。

图4-29

知识点 2　透光率

透光率是指透过图层的光照百分比，用于调整图层的颜色投射在其他图层上作为阴影的效果。当透光率的数值为"0%"时，没有光透过图层，从而产生黑色阴影；当透光率的数值为"100%"时，图层的全部颜色投射到接受阴影的图层上，如图4-30所示。

图4-30

知识点 3　接受阴影和接受灯光

接受阴影用于指定图层是否显示其他图层在它之上投射的阴影，可以在"开""关""仅"选项之间进行切换，如图4-31所示。

图4-31

接受灯光用于指定图层的颜色是否受到光照的影响，且不影响阴影效果，可以在"开""关"选项之间进行切换，如图4-32所示。

图4-32

知识点4 模拟表面

以下属性的参数设置在After Effects中对实际效果的影响不大，在实际操作中可根据所需效果调整，只做简单了解即可。

环境用于设置三维图层受环境灯光影响的程度，环境的默认值为"100%"，如图4-33所示。

图4-33

漫射用于设置图层反射光线的程度，默认值为"50%"。当漫射的数值为"100%"时，将反射大量的光线；当漫射的数值为"0%"时，将不反射光线，如图4-34所示。

图4-34

镜面强度用于调整图层镜面反射的程度，默认值为"50%"。当镜面强度的数值为"100%"时，为最强的反射；当镜面强度的数值为"0%"时，无镜面反射，如图4-35所示。

图4-35

镜面反光度用于确定镜面高光的大小，默认值为"5%"。当镜面强度的数值大于"0%"时，此属性才处于激活状态。当镜面反光度的数值为"100%"时，具有小镜面高光的反射；当镜面反光度的数值为"0%"时，具有大镜面高光的反射效果，如图4-36所示。

图4-36

金属质感用于确定图层颜色对镜面高光颜色的影响，金属质感的数值为"100%"时，高光颜色是图层的颜色。例如，金属质感的数值为"100%"时，红色立方体图层反射红光；金属质感的数值为"0%"时，红色立方体图层反射灯光颜色，如图4-37所示。

图4-37

第6节 综合案例——光影效果

本案例将对光影效果进行讲解，使读者能够运用灯光来实现实拍素材与制作场景相结合的光影效果。本案例最终效果如图4-38所示。

图4-38

■ 步骤01 导入素材

双击项目面板，找到本案例素材包，将所有文件框选并导入，如图4-39所示。

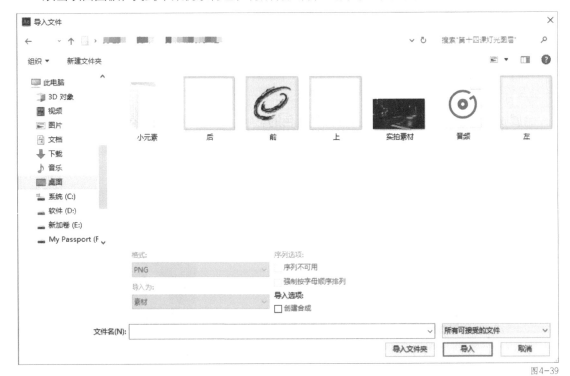

图4-39

■ 步骤02 创建合成

将实拍素材拖曳至"新建合成"按钮上，创建一个新的合成，如图4-40所示。

■ 步骤03 制作主体物

将"前""左""上""后"素材拖曳至时间轴面板中的"实拍素材"上层，逐一单击"3D

图层"按钮，分别调整它们的位置和旋转属性，使它们拼合成立方体，如图4-41所示。

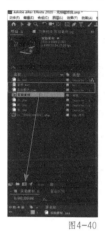

图4-40　　　　　　　　　　　　　　　　　　　　　　　　图4-41

■ 步骤04　制作地面

在菜单栏中执行"图层-新建-纯色"命令，设置纯色图层为白色，设置白色图层的X轴旋转属性的数值为"90°"，并调整其位置，使之与地面匹配，效果如图4-42所示。

■ 步骤05　调整主体形态

新建灯光之前，先调整主体的形态。因为立方体有6个面，单独调整会比较麻烦，所以可以在菜单栏中执行"图层-新建-空对象"命令，在时间轴面板中将立方体的6个面链接到空对象图层上，用空对象图层控制立方体的位置和旋转，如图4-43所示。

图4-42　　　　　　　　　　　　　　　　　　　　　　　　图4-43

■ 步骤06　创建灯光并调整位置

在菜单栏中执行"图层-新建-灯光"命令，选择可以产生投影且投影有模糊效果的聚光灯。为了方便确定灯光位置，将灯光和三维图层的投影打开。在立方体的前方和后方分别创建一个聚光灯，如图4-44所示。

■ 步骤07　调整灯光参数

为了让物体只产生光影效果，而不影响自身的明暗程度，选中立方体的6个面，单击图层左侧的三角箭头，在材质选项中将接受灯光和接受阴影关掉。为了让阴影边缘产生柔和效果，单击灯光左侧的三角箭头，将灯光选项下的阴影扩散属性的数值调高至"200"像素，效果如图4-45所示。

图4-44

图4-45

■ 步骤08 调整三维图层的材质选项

为了让投影更加真实，将三维图层材质选项中的透光率属性的数值调整为"100%"，使阴影和物体颜色一致，光影效果更加自然，效果如图4-46所示。

■ **步骤09 创建预合成并添加效果**

将除了"实拍素材"之外的图层选中，按快捷键Ctrl+Shift+C进行预合成操作，并为预合成依次执行"效果-声道-反转""效果-风格化-发光""效果-颜色矫正-色相/饱和度"命令，分别调整相应数值，效果如图4-47所示。

图4-46

图4-47

■ **步骤10 复制主体物**

双击"预合成1"进入预合成内部，选中所有图层，按快捷键Ctrl+D复制多个立方体和灯光，并在空间中拉开位置，效果如图4-48所示。

■ **步骤11 制作主体物动画**

将时间指示器移动到起始位置（即第0秒）。利用空对象图层将3个立方体移到地面下，为位置和旋转属性添加关键帧。将时间指

图4-48

示器移动到第0秒19帧，利用空对象图层将3个立方体移动到空中，为位置和旋转属性添加关键帧。将时间指示器移动到第1秒12帧，将3个立方体移动至地面，为位置和旋转属性添加关键帧。按照此方法继续添加立方体弹起落下的关键帧，并拖曳关键帧以错开时间，保持随机效果，如图4-49所示。

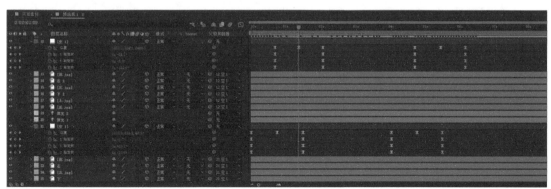

图4-49

■ **步骤12　修饰细节**

在"实拍素材"上层执行"图层-新建-纯色"命令，为其创建椭圆形蒙版，调整羽化属性的参数。加上装饰性元素，并选择性地在动画开头加上之前讲过的基本图形的元素动画来丰富效果，如图4-50所示。

至此，本案例已讲解完毕。请扫描图4-51所示二维码观看视频。

图4-50

图4-51

第7节　综合案例——灯光与三维场景

本案例将使用After Effects自带灯光实现照明三维场景的效果。本案例最终效果如图4-52所示。

图4-52

■ **步骤01　创建合成**

在菜单栏中执行"合成-新建合成"命令，如图4-53所示。

■ **步骤02　制作背景**

在菜单栏中执行"图层-新建-纯色"命令创建一个黑色图层。在时间轴面板中选中黑色图层，执行"效果-生成-梯度渐变"命令，如图4-54所示。

图4-53

图4-54

■ 步骤03 制作地面

在菜单栏中执行"图层－新建－纯色"命令，新建尺寸为"1920×1920"的黑色图层。在时间轴面板中选中上层的黑色图层，设置黑色图层X轴旋转的数值为"90°"以调整位置。并对其执行"效果－生成－梯度渐变"命令。复制黑色图层，执行"效果－生成－网格"命令，调整相关参数。为该图层创建椭圆形蒙版，调整蒙版羽化和蒙版扩展的数值，如图4-55所示。

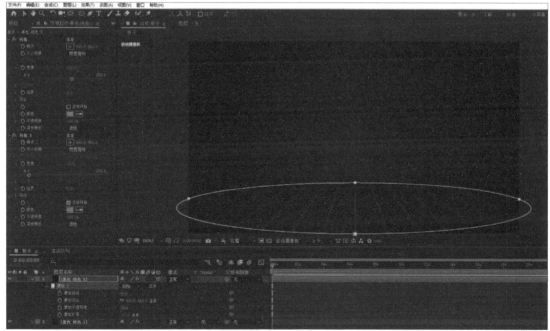

图4-55

■ 步骤04 创建摄像机

在菜单栏中执行"图层－新建－摄像机"命令，调整摄像机的位置如图4-56所示。

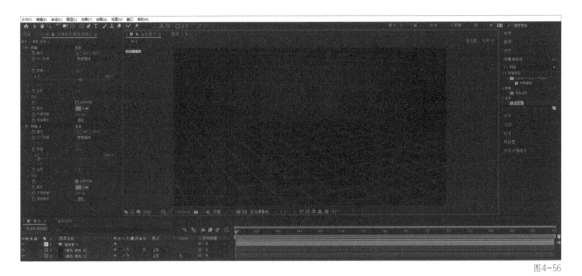

图4-56

■ 步骤05 导入素材

双击项目面板，找到本案例素材包，将"板子"文件夹中的序列素材导入，如图4-57所示。

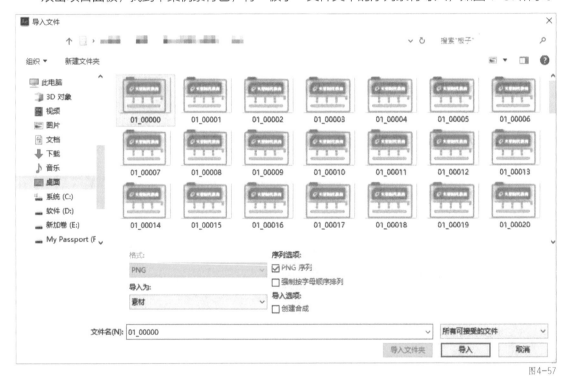

图4-57

■ 步骤06 调整素材位置并复制

打开"板子"图层的三维开关，调整板子在空间中的位置，并确保图层在整个合成的最上层。利用之前所讲的表达式知识复制出3个图层，如图4-58所示。

■ 步骤07 创建并调整灯光

在菜单栏中执行"图层-新建-灯光"命令，选择可以投射阴影且阴影具有模糊效果的点光。将灯光的投影选项设置为"开"，将"板子"图层材质选项中投影选项设置为"开"，调整灯光的位置。将灯光选项中的阴影扩散的数值调大，将"板子"图层材质选项中接受灯光选项设置为"关"，如图4-59所示。

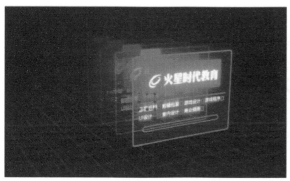

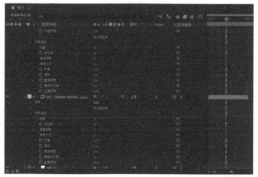

图4-58

图4-59

■ 步骤08 添加文字和装饰元素

在菜单栏中执行"图层-新建-文本"命令添加文字，创建椭圆形状图层作为装饰元素，如图4-60所示。

■ 步骤09 制作动画

选中空对象图层，执行"效果-滑块控制-滑块"命令，利用滑块对板子进行动画制作。为文字制作生长动画，为作为装饰元

图4-60

素的形状图层添加修剪路径，并制作结束和偏移属性动画，如图4-61所示。

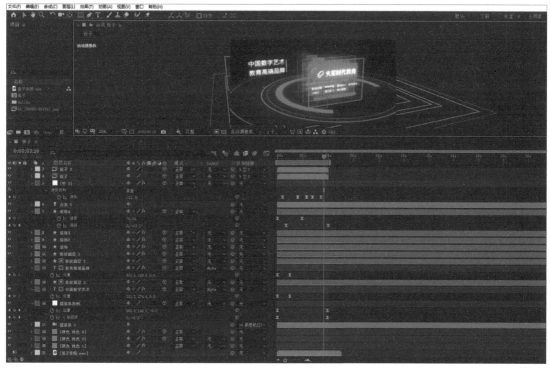

图4-61

■ 步骤10 修饰细节

地面光感不足，按快捷键Ctrl+D对地面进行复制，执行"效果－生成－梯度渐变"命令提亮地面。整体润色后的最终效果如图4-62所示。

至此，本案例已讲解完毕。请扫描图4-63所示二维码观看本案例详细操作视频。

图4-62　　　　　　　　　　图4-63

本课练习题

选择题

（1）新建灯光的快捷键是（　　）。

A．Ctrl+Alt+Shift+T　　　　　B．Ctrl+Alt+Shift+L

C．Ctrl+Alt+Shift+C　　　　　D．Ctrl+Alt+Shift+Y

提示 灯光的英文单词为"light"，所以快捷键为3个组合键+L键；文本的英文单词为"text"，所以快捷键为3个组合键+T键；摄像机的英文单词为"camera"，所以快捷键为3个组合键+C键。

（2）4种灯光类型中，（　　）是有阴影但阴影没有模糊效果的。

A．平行光　　　　B．点光　　　　C．聚光灯　　　D．环境光

提示 点光和聚光灯均有阴影且阴影有模糊效果，环境光不能产生阴影。

（3）4种灯光类型中，（　　）是没有衰减选项的。

A．平行光　　　　B．点光　　　　C．聚光灯　　　D．环境光

提示 平行光、点光、聚光灯均有衰减选项，可选择"无""平滑"或"反向正方形已固定"。

参考答案：（1）B　（2）A　（3）D

Keylight抠像技术

Keylight是一款工业级别的蓝屏或绿屏键控器，曾获得过多项大奖，其核心算法由Computer Film公司开发，并由The Foundry公司进一步开发移植到After Effects中。

Keylight擅长处理半透明区域和头发等细微的抠像工作，可以精确地控制残留在前景上的蓝幕或绿幕反光。电影制作大师们依靠Keylight抠像技术完成了许多令人叹为观止的作品。

本课知识要点

◆ 认识抠像
◆ 抠像前的拍摄注意事项
◆ 抠像基础流程
◆ 屏幕遮罩
◆ 内部蒙版和外部蒙版
◆ 颜色校正

第1节 认识抠像

利用抠像技术进行视频制作的流程大致可以分为前期准备、实际拍摄与素材采集，以及后期制作3个阶段。前期准备是指脚本策划和需要抠像制作的镜头中涉及的各种元素的准备阶段。实际拍摄与素材采集是指利用摄像机记录画面，并对拍摄好的素材进行内容采集的阶段。而后期制作就是利用实际拍摄好的素材，运用抠像软件将需要的前景画面从背景中分离，再借助合成、跟踪和三维等辅助软件对抠出的前景画面和需要进行拼接的背景画面进行合成，最后通过剪辑形成完整的影片的阶段。

知识点 1 抠像的概念

"抠像"一词是从早期电视制作中得来的，英文为"Key"。

让演员在蓝色背景或者绿色背景前进行表演，将拍摄得到的素材采集到计算机中；然后使用抠像技术吸取画面中的某一种颜色作为透明色，将它从画面中抠去使背景变得透明；最后与计算机制作的场景或者实拍场景进行叠加合成。这样，在室内拍摄的人物经抠像处理后与各种景物叠加在一起，能节省大量的制作成本，不但使得电影特效的制作更加方便，而且效果更加出色。

图5-1所示为一半绿幕一半抠像合成的对比。

图5-1

知识点 2 蓝幕和绿幕

抠像需要把背景画面与演员身上的服饰及其他颜色区别开来，所以背景色越纯、越鲜明就越容易分离。

理论上，只要拍摄对象表面没有与拍摄背景相同的颜色，所有纯色都可以做幕布。但人眼的感光系统和摄像机感光芯片采集的最常见色彩就是红色、蓝色、绿色，即三原色。有红色服饰的演员和物体太常见，所以蓝幕和绿幕是拍摄特技镜头时最常见的背景幕布，如图5-2所示。

蓝色是人类皮肤颜色的补色，理论上用蓝幕作为背景是最容易实现抠像的，我国电视新闻的制作一般用蓝幕。但西方国家在拍摄时不常用蓝幕，因为欧美人蓝眼睛居多，使用蓝幕的话后期抠像容易把演员的眼睛抠掉。

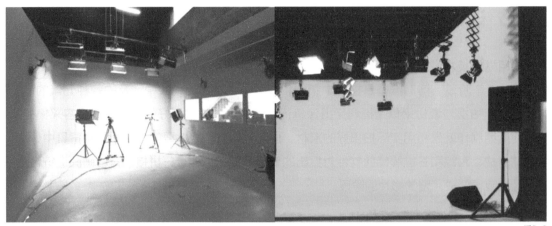

图5-2

　　摄像机感光芯片采集信号时遵循光学三原色原理，但信号的采集遵循"RGGB"（红绿绿蓝），绿色像素是红、蓝色像素的两倍；绿色信号最强，噪波最少，包含了大部分的亮度信息，容易找到对比关系。因此摄像机对绿色最敏感，绿幕在计算机系统中也更容易与前景分离。

知识点 3　常用抠像方式

　　After Effects中有不少抠像效果，如内部/外部键、差值遮罩、提取、线性颜色键和颜色范围等，如图5-3所示。

　　下面对几种抠像效果进行简单讲解。

　　内部/外部键：需要先在前景中大致定义包含需要保留的物体的闭合路径和需要抠除部分的路径；这些路径的模式都要设为"None"，内部/外部键会根据这些路径自动对前景进行抠像处理。

　　差值遮罩：是一种从两个相同背景的图层中将前景抠出的方法，这种抠像方式要求背景最好是图片，前景是用三脚架在同一位置稳定拍摄的镜头。

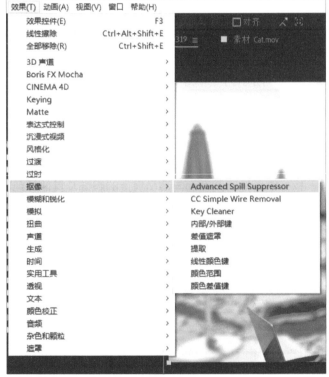

图5-3

　　提取：根据亮度范围进行抠像，主要用于白底或黑底情况下的抠像，还可以用于消除镜头中的阴影。

线性颜色键：一种针对颜色的抠像处理方式。

颜色范围：按照RGB、LAB或YUV方式对一定范围内的颜色进行选择，常用于蓝底或绿底颜色不均匀情况下的抠像。

以上抠像效果归纳起来主要有3种抠像方式，分别是根据颜色、亮度和画面变化进行抠像。最常用的是根据颜色或亮度的抠像。

（1）颜色抠像是基于RGB模式的抠像技术。它在原理上最接近于最初的蓝幕技术，即通过前景和背景的颜色差异，将背景从画面中抠除并完成替换。

（2）亮度抠像是基于Alpha通道的抠像技术，一般用于画面上有明显亮度差异的抠像。

（3）画面抠像最为特殊，原理是寻找两段同机位拍摄的画面的差别并将其保留，将没有差别的画面作为背景画面抠除。它的基本思路是：先把前景物体和背景一起拍摄下来，然后保持机位不变，去掉前景物体单独拍摄背景，对拍摄下来的两个画面进行对比。在理想状态下，背景部分是完全相同的，而前景部分则是不同的，这些不同的部分就是需要保留的Alpha通道。这种抠像方式主要用于无法运用蓝幕或绿幕抠像的场景。

第2节 抠像前的拍摄注意事项

在前期准备已经做好的前提下，放置好幕布和道具，按照脚本的要求寻找合适的机位，就可以开始拍摄工作了。

知识点 1 拍摄素材时的注意事项

拍摄时要注意以下事项。

（1）作为背景的蓝幕或绿幕要保持平坦干净，色彩均匀。

（2）拍摄环境的照明条件良好，尤其是运动物体起点位置和终点位置的灯光要调整到较好的效果；尽量减少使用高光反射的物体。

（3）演员的服装、道具尽量不要带有蓝色或绿色，演员和背景也要保持一定的距离，以尽量减少反射到演员身上的环境色。

（4）运动的物体或不在焦点的物体会出现虚化，尽量减少运动模糊。

（5）演员的表演必须在蓝幕或绿幕范围内，尤其需要注意其肢体动作不能超出遮幕范围，不然抠像时会造成信息丢失。

（6）视频最好以分量格式拍摄。

（7）尽量避免出现投影和分散的发丝。

知识点 2 采集素材时的注意事项

采集工作相对拍摄工作比较简单。在进行采集时需要注意以下事项。

（1）将拍摄好的素材输入计算机进行采集，并按脚本要求对素材进行分类剪辑。

（2）将需要抠像的内容和不需要抠像的内容进行分类，以便处理和合成工作顺利进行。

（3）摄像机在拍摄素材时，每一帧图像都拥有唯一的时间编码。记录需要抠像图像的时间编码，以防最终合成时产生混乱。

（4）保留最高品质素材，抠像时使用未经压缩的素材（或者至少使用压缩程度最低的素材）。

第3节 抠像基础流程

本节将讲解Keylight（1.2）的常用参数，并讲解抠像的基础流程。

知识点 1 Keylight（1.2）

Keylight（1.2）效果在制作专业品质的抠像效果方面表现出色，其效果控件面板如图5-4所示。

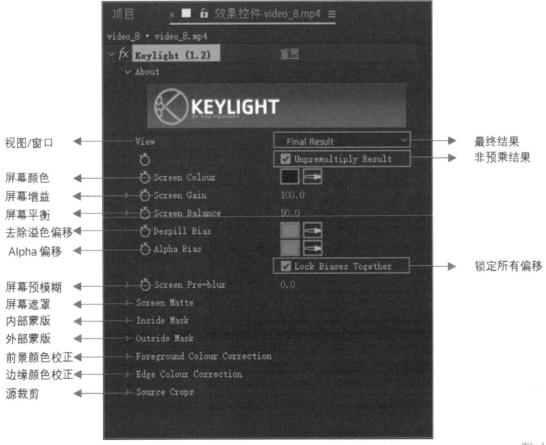

图5-4

View（视图/窗口），默认Final Result是最终结果。

Unpremultiply Result（非预乘结果），默认为勾选状态。

Screen Colour（屏幕颜色），使用其吸管吸取需要抠除的幕布颜色以抠除幕布。

Screen Gain（屏幕增益），用于控制颜色被抠除的强度。

Screen Balance（屏幕平衡），用于调整Alpha通道的对比度，对绿幕进行抠像时在50左右微调，对蓝幕进行抠像时则在95左右微调。

Despill Bias（去除溢色偏移）和Alpha Bias（Alpha偏移），两者默认处于链接状态，可以对图像边缘进行反溢出调整，建议保持默认状态。

Lock Biases Together（锁定所有偏移），即锁定Despill Bias和Alpha Bias。

Screen Pre-blur（屏幕预模糊），可以使抠像边缘柔化，适用于有明显噪点的图像。

Screen Matte（屏幕遮罩），用于进一步调整抠像范围。

Inside Mask（内部蒙版），用于将蒙版区域变成白色，防止抠像主体因为颜色与Screen Colour相近而被抠掉。

Outside Mask（外部蒙版），用于将蒙版区域变成黑色。

Foreground Colour Correction（前景颜色校正），调整被抠除区域内部的颜色。

Edge Colour Correction（边缘颜色校正），调整被抠区域边缘的颜色。

Source Crops（源裁剪），可以从"上""下""左""右"4个方向对画面进行裁剪。

知识点 2 检查抠像结果

在抠像的过程中，不能只以默认选项"Final Result"（最终结果）作为抠像成功的标准，还需要通过Alpha通道或Matte（遮罩）对抠像效果进行检验。

1. 使用Alpha通道进行观察

在Alpha通道中可以清晰地查看透明、不透明和半透明区域，进而确认需要抠除的区域和需要保留的区域，以及是否有误抠像或噪点未被抠除的情况。

使用Alpha通道进行观察需要独显前景素材图层，并将![图标]（显示通道及色彩管理设置）切换为![图标]（Alpha）显示方式。

2. 使用Matte（遮罩）进行观察

Matte（遮罩）模式下也可以查看抠像画面透明、不透明和半透明的区域。由于拍摄原因，抠像画面通常会留下灰色边缘，在Matte（遮罩）模式下可以观察画面边缘是否有未抠干净的情况。

View（视图）默认选项是"Final Result"（最终结果），若需使用Matte（遮罩）模式进行观察需要将View（视图）选项切换为"Screen Matte"（屏幕遮罩）。

此外，View（视图）下的"Status"（状态）选项使用频率也很高。如果抠像效果不够完美，例如前景有透明的地方，"Final Result"（最终结果）选项不容易看出来，但"Status"

（状态）选项可以夸张地显示出来。

提示 View（视图）下的所有选项如图5-5
所示。

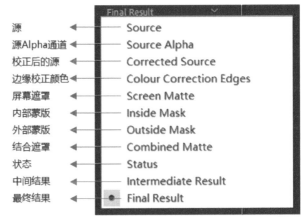

源	Source
源Alpha通道	Source Alpha
校正后的源	Corrected Source
边缘校正颜色	Colour Correction Edges
屏幕遮罩	Screen Matte
内部蒙版	Inside Mask
外部蒙版	Outside Mask
结合遮罩	Combined Matte
状态	Status
中间结果	Intermediate Result
最终结果	Final Result

图5-5

案例 抠像基础流程练习

下面通过一个抠像案例讲解抠像的基础流程，案例的最终效果如图5-6所示。

图5-6

■ 步骤01 新建合成并导入素材

新建合成，在合成设置对话框中将预设调整为"HDTV 1080 25"，导入需要抠像的未经压缩的高品质素材"video_18.mp4"和"BG11.png"。

■ 步骤02 排列素材

将前景素材"video_18.mp4"叠加在背景素材"BG11.png"之上，调整好前景和背景素材的位置、缩放。选中前景素材，执行"效果-Keying-Keylight（1.2）"命令。

■ 步骤03 抠除屏幕颜色

独显前景素材图层"video_18.mp4"，使用Screen Colour（屏幕颜色）的吸管工具，从前景素材"video_18.mp4"中选取要被抠除的颜色，颜色抠除前后的效果对比如图5-7所示。理想状态下该颜色的所有像素在前景素材中变透明，需要保留的前景对象叠加到了背景素材上。

图5-7

■ 步骤04 切换视图

选中前景素材图层"video_18.mp4"，进入效果控件面板，将View（视图）从"Final Result"（最终结果）切换为"Screen Matte"（屏幕遮罩），查看抠出的灰色区域，效果如图5-8所示。

■ 步骤05 修剪素材

选中前景素材图层"video_18.mp4"，进入效果控件面板，展开"Screen Matte"（屏幕遮罩）。

将Clip Black（修剪黑色）的参数调整为"25"，让接近黑色的灰色区域变成黑色；将Clip White（修剪白色）的参数调整为"90"，让接近白色的灰色区域变成白色，效果如图5-9所示。

图5-8　　　　　　　　　　　　　　　　　　图5-9

■ 步骤06 调整边缘缩放

为了避免抠出来的前景对象边缘出现溢出或锯齿现象，可以调整Screen Shrink/Grow（屏幕收缩/扩展）或Screen Softness（屏幕柔化）的参数。

■ 步骤07 颜色校正

为背景素材"BG11.png"添加模糊效果，并适当调整模糊值。

新建调整图层，选中调整图层，执行"效果−颜色校正−照片滤镜"命令，选择"暖色滤镜85"预设，调色后的效果如图5-10所示。

至此，本案例已讲解完毕。请扫描图5-11所示二维码观看本案例详细操作视频。

图5-10　　　　　　　　图5-11

第4节 屏幕遮罩

理想状态下，使用Screen Colour（屏幕颜色）的吸管工具从前景中选取要被抠除的颜色后，该颜色的所有像素都会在前景素材中变透明。但受拍摄环境或人为影响，有时会出现蓝幕或绿幕背景色彩不均匀的情况，需要在Screen Matte（屏幕遮罩）里进行细节调整。

Screen Matte（屏幕遮罩）下的选项如图5-12所示。

> **提示** 调整Screen Matte（屏幕遮罩）下的参数时，View（视图）要切换为"Screen Matte"（屏幕遮罩）模式。

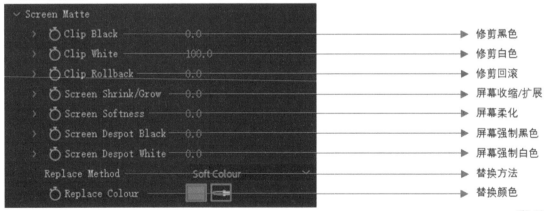

图5-12

知识点 1 Clip Black 和 Clip White

在Screen Matte（屏幕遮罩）模式下，白色区域表示保留下来的不透明部分，黑色区域表示被抠除的透明部分。

Clip Black（修剪黑色），用于处理Alpha通道画面中的透明区域，增大其数值（默认为

"0"）会让查看器面板中接近黑色的灰色区域变成黑色，并增大黑色区域容差。

Clip White（修剪白色），用于处理Alpha通道画面中不透明区域，减小其数值（默认为"100"）会让查看器面板中接近白色的灰色区域变成白色，并增大白色区域容差。

修改Clip Black（修剪黑色）和Clip White（修剪白色）的参数，可以对抠像范围进行细节调整。调整前后的对比效果如图5-13所示。

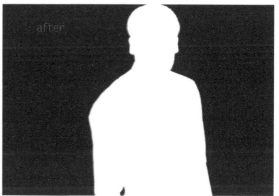

图5-13

知识点 2 Screen Shrink/Grow

Screen Shrink/Grow（屏幕收缩/增长），用于处理抠像边缘溢出的白边和黑边，将其数值调整为负值可以收缩蒙版，调整为正值可以扩展蒙版。

将Screen Shrink/Grow调整为"-1"，调整前后的对比效果如图5-14所示。

图5-14

知识点 3 Screen Softness

Screen Softness（屏幕柔化），用于柔化抠像边缘的锯齿。屏幕柔化参数过大会损失图像边缘的细节，应根据实际抠像情况调整该数值，使图像的边缘柔和。

将Screen Softness调整为"5"，调整前后的对比效果如图5-15所示。

图5-15

第5节 内部蒙版和外部蒙版

当抠像画面中演员的服装、道具带有幕布颜色但必须保留时，应当考虑使用内部蒙版；当抠像画面中有必须去除的元素时，应当考虑使用外部蒙版。

内部蒙版和外部蒙版的使用方法类似于After Effects中的Mask（蒙版）。要使用内部蒙版或外部蒙版，需要先创建Mask（蒙版）来定义要隔离的对象。蒙版可以相当粗略，甚至不需要完全贴合抠像对象的边缘。

知识点 1 Inside Mask

Inside Mask（内部蒙版），用于将蒙版区域变成白色，防止抠像主体因为颜色与Screen Colour相近而被抠掉。其下的选项如图5-16所示。

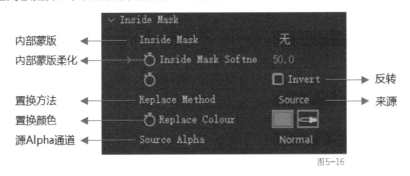

图5-16

知识点 2 Outside Mask

Outside Mask（外部蒙版），常用于将蒙版区域变成黑色。其下的选项如图5-17所示。

图5-17

案例 内部蒙版和外部蒙版练习

下面将用一个猫咪抠像案例讲解内部蒙版和外部蒙版。猫咪眼睛部分含有的大量绿色信息会在抠像过程中丢失，需要用内部蒙版将猫咪眼睛部分保护起来。本案例的最终效果如图5-18所示。

■ 步骤01 新建合成并导入素材

新建合成，在合成设置对话框中选择预设为"HDTV 1080 25"，导入需要抠像的未经压缩的高品质前景素材"Cat.mov"和背景素材"BG09.png"。

图5-18

■ 步骤02 排列素材

将前景素材"Cat.mov"叠加在背景素材"BG09.png"之上，调整好前景和背景素材的位置、缩放。选中前景素材，执行"效果-Keying-Keylight（1.2）"命令。

■ 步骤03 抠除屏幕颜色

独显前景素材图层"Cat.mov"，使用Screen Colour（屏幕颜色）的吸管工具从前景素材"Cat.mov"中选取要被抠除的颜色，如图5-19所示。将View（视图）切换为"Screen Matte"（屏幕遮罩）模式，查看抠出的灰色区域，如图5-20所示。

图5-19

图5-20

■ 步骤04 制作屏幕遮罩

将Clip Black（修剪黑色）的参数调整为"15"，让接近黑色的灰色区域变成黑色；将Clip White（修剪白色）的参数调整为"85"，让接近白色的灰色区域变成白色，效果如图5-21所示。

为了调整抠出来的前景对象边缘出现的溢出和锯齿，将Screen Shrink/Grow（屏幕收缩/扩展）的参数调整为"-0.5"，将Screen Softness（屏幕柔化）的参数调整为"3"，效果如图5-22所示。

图5-21

图5-22

■ 步骤05 制作内部蒙版

将View（视图）切换为"Inside Mask"（内部蒙版）模式。选中前景素材"Cat.mov"，使用钢笔工具圈出猫眼睛部分，将"蒙版1"的运算方式选择"无"。进入效果控件面板，将Inside Mask（内部蒙版）选择为"蒙版1"，效果如图5-23所示。

将View（视图）切换为"Final Result"（最终结果）模式，效果如图5-24所示。

图5-23

图5-24

■ **步骤06　制作外部蒙版**

相对于内部蒙版，外部蒙版会将蒙版区域变成纯黑色，也就是完全透明。如果在步骤05"制作内部蒙版"中，将操作"进入效果控件面板，将Inside Mask（内部蒙版）选择为'蒙版1'"更改为"进入效果控件"面板，为Outside Mask（外部蒙版）选择为'蒙版1'"，则效果如图5-25所示。

图5-25

至此，本案例已讲解完毕。请扫描图5-26所示二维码观看本案例详细操作视频。

图5-26

第6节　颜色校正

抠像完成后的颜色校色工作分为以下两个步骤。

（1）使用Edge Colour Correction（边缘颜色校正）处理主体边缘的颜色溢出。

（2）使用After Effects自带的颜色校正效果根据需要进行整体调色。

知识点 1　Edge Colour Correction

Edge Colour Correction（边缘颜色校正），用于控制被抠除区域的边缘。图5-27所示为其下的选项。

边缘颜色校正的常规操作步骤如下。

（1）勾选"Enable Edge Colour Correction"（启用边缘颜色校正）。

（2）展开"Edge Colour Suppression"（边缘颜色抑制），绿幕选择"Green"，蓝幕则选择"Blue"。

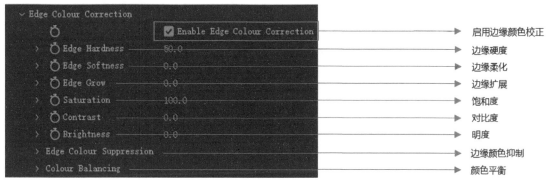

图5-27

Enable Edge Colour Correction	启用边缘颜色校正
Edge Hardness 80.0	边缘硬度
Edge Softness 0.0	边缘柔化
Edge Grow 0.0	边缘扩展
Saturation 100.0	饱和度
Contrast 0.0	对比度
Brightness 0.0	明度
Edge Colour Suppression	边缘颜色抑制
Colour Balancing	颜色平衡

知识点 2 调色

在抠像完成后，需要进行调色使多个素材看起来像是在相同环境下拍摄的。

After Effects提供了许多关于颜色校正的内置效果，这里只简单介绍曲线效果和照片滤镜效果。

曲线效果可调整图像的色调范围和色调响应曲线，通过256点定义的曲线可以将输入值任意映射到输出值。

照片滤镜效果可模拟以下效果：在摄像机镜头前面加彩色滤镜，以便调整通过镜头传输的光的颜色平衡和色温；使胶片曝光。可以直接选择颜色预设将色相调整应用到图像，也可以使用拾色器或吸管工具指定自定义颜色。

案例 颜色校正练习

本案例将对素材进行发丝抠像、合成背景、调色。本案例的最终效果如图5-28所示。

■ 步骤01 新建合成并导入素材

新建合成，在合成设置对话框中选择预设为"HDTV 1080 25"。 导入需要抠像的未经压缩的高品质前景素材"Video_3.mp4"和背景素材"BG07.mov"，将前景素材"Video_3.mp4"叠加在背景素材"BG07.mov"之上，调整好前景和背景素材的位置、缩放。

图5-28

■ 步骤02 抠除屏幕颜色

独显前景素材图层"Video_3.mp4"。选中前景素材，执行"效果-Keying-Keylight（1.2）"命令，使用Screen Colour（屏幕颜色）的吸管工具从前景素材"Video_3.mp4"中选取要被抠除的颜色。颜色抠除前后的对比效果如图5-29所示。

图5-29

将View（视图）切换为"Screen Matte"（屏幕遮罩）模式，效果如图5-30所示。

■ **步骤03 制作屏幕遮罩**

将Screen Gain（屏幕增益）参数调整为"92"，将Clip Black（修剪黑色）的参数调整为"15"，将Clip White（修剪白色）的参数调整为"88"，将Screen Shrink/Grow（屏幕收缩/扩展）参数调整为"-0.5"，将Screen Softness（屏幕柔化）的参数调整为"1"，效果如图5-31所示。

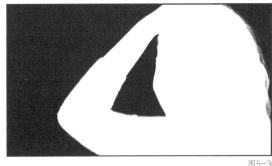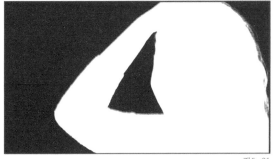

图5-30　　　　　　　　　　　　　　　　　　　　　　　图5-31

将View（视图）切换为Final Result（最后结果）模式，此时的效果如图5-32所示。

图5-32

■ **步骤04 颜色校正**

边缘颜色校正。在效果控件面板中，勾选"Enable Edge Colour Correction"（启用边缘颜色校正），将Edge Colour Suppression（边缘颜色抑制）选择为"Green"，如图5-33所示。

选中前景素材图层，执行"效果－颜色校正－曲线"命令，根据信息面板参数进行校色。校色前后信

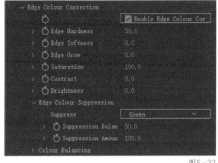

图5-33

息面板参数如图5-34所示，在效果控件面板中进行的设置如图5-35所示。

调色。新建调整图层，选择调整图层，执行"效果－颜色校正－照片滤镜"命令，根据个人调色偏好选择滤镜预设；执行"效果－颜色校正－曲线"命令，配合滤镜预设微调RGB通道曲线。

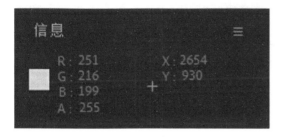

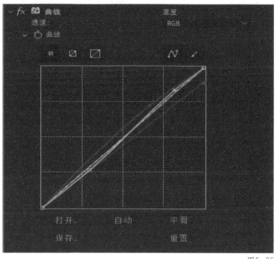

图5-34

图5-35

案例最终效果如图5-36所示。

图5-36

至此，本节已讲解完毕。请扫描图5-37所示二维码观看视频进行知识回顾。

图5-37

第7节 综合案例——圣诞老人

本案例将对圣诞老人进行抠像、合成背景、调色。本案例的最终效果如图5-38所示。

■ **步骤01 新建合成并导入素材**

新建合成，在合成设置对话框中选择预设为"HDTV 1080 25"。导入需要抠像的未经压缩的高品质前景素材"video_4.mp4"和背景素材"BG01.mp4"，将前景素材"video_4.mp4"叠加在背景素材"BG01.mp4"之上，调整好前景和背景素材的位置、缩放。

■ **步骤02 抠除屏幕颜色**

独显前景素材图层"video_4.mp4"。选中前景素材，执行"效果-Keying-Keylight（1.2）"命令，使用Screen Colour（屏幕颜色）的吸管工具从前景素材"video_4.mp4"中选取要被抠除的颜色，如图5-39所示。

图5-38

图5-39

将View（视图）切换为"Screen Matte"（屏幕遮罩）模式，效果如图5-40所示。

■ 步骤03 制作屏幕遮罩

将Clip Black（修剪黑色）的参数调整为"10"，将Clip White（修剪白色）的参数调整为"80"，将Screen Shrink/Grow（屏幕收缩/扩展）的参数调整为"-1"，将Screen Softness（屏幕柔化）的参数调整为"1"，此时的效果如图5-41所示。

图5-40

将View（视图）切换为"Final Result"（最后结果）模式，效果如图5-42所示。

图5-41

图5-42

■ 步骤04 制作内部蒙版

将View（视图）切换为"Inside Mask"（内部蒙版）模式。选中前景素材"video_4.mp4"，使用钢笔工具圈出纽扣部分，将"蒙版1"的运算方式选择为"无"。进入效果控件面板，将Inside Mask（内部蒙版）选择为"蒙版1"，将Replace Method（置换方法）选择为"None"，效果控件面板和对应效果如图5-43所示。

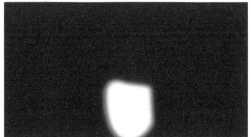

图5-43

将View（视图）切换为"Final Result"（最后结果）模式，效果如图5-44所示。

图5-44

■ 步骤05 调整细节

屏幕遮罩参数调整后，圣诞老人帽子处仍有白色边缘，需单独处理。

选中前景素材"video_4.mp4"图层，使用钢笔工具勾勒帽子的白色边缘区域，如图5-45所示。选中前景素材图层，单击图层左侧的箭头将其展开，选择"蒙版-蒙版2"，将蒙版的运算模式修改为"相减"。

按快捷键Ctrl+D复制前景素材图层并重命名为"video_4帽子.mp4"。选中图层"video_4帽子.mp4"，单击图层左侧的箭头将其展开，选择"蒙版-蒙版2"，将蒙版的运算模式修改为"相加"，将蒙版扩展选项设置为"3"像素。

选中图层"video_4帽子.mp4"，在效果控件面板中将Screen Shrink/Grow（屏幕收缩/扩展）参数调整为"-3.5"，效果如图5-46所示。

图5-45

图5-46

■ 步骤06 颜色校正

边缘颜色校正。进入效果控件面板，勾选"Enable Edge Colour Correction"（启用边缘颜色校正），将Edge Colour Suppression（边缘颜色抑制）选择为"Green"。

调色。新建调整图层，选中调整图层，执行"效果-颜色校正-照片滤镜"命令，根据个人调色偏好选择滤镜预设。执行"效果-颜色校正-曲线"命令，配合滤镜预设微调RGB通道曲线，效果如图5-47所示。

至此，本节已讲解完毕。请扫描图5-48所示二维码观看视频进行知识回顾。

图5-47   图5-48

本课练习题

1. 连线题

（1）以下是keylight特效中的关键参数，请将选项与对应的解释连接。

A. Screen Gain   要抠除的幕布颜色

B. Screen Colour   控制颜色被抠除的强度

C. Screen Matte   调整Alpha通道的对比度

D. Screen Balance   抠像边缘柔化

E. Screen Pre-blur   对遮罩属性组进行调整

> **提示** Screen Gain（屏幕增益），控制颜色被抠除的强度；Screen Colour（屏幕颜色），要抠除的幕布颜色；Screen Matte（屏幕遮罩），对遮罩属性组进行调整；Screen Balance（屏幕平衡），调整Alpha通道的对比度；Screen Pre-blur（屏幕预模糊），抠像边缘柔化。

（2）以下是Screen Matte属性组中的关键参数，请将选项与对应的解释连接。

A. Screen Softness   控制透明区域

B. Screen Shrink/Grow 控制不透明区域

C. Clip White   对蒙版边缘进行扩展或收缩

D. Clip Black   边缘产生柔化效果

> **提示** Screen Softness（屏幕柔化），边缘产生柔化效果；Screen Shrink/Grow（屏幕收缩/扩展），对蒙版边缘进行扩展或收缩；Clip White（修剪白色），控制不透明区域；Clip Black（修剪黑色），控制透明区域。

2. 简答题

（1）为什么用蓝色或绿色作为抠像背景的主要颜色？

（2）请简述捕获抠像素材时的注意事项。

参考答案

（1）蓝色和绿色属于三原色；蓝色是人类皮肤颜色的补色；绿色信号强、噪波少，包含了大部分的亮度信息，容易找到对比关系；约定俗成。

（2）背景平坦干净，色彩均匀；拍摄环境照明条件良好；演员的服装、道具尽量不要带有蓝色或绿色；演员的表演或物体必须在蓝幕或绿幕范围的；尽量减少运动模糊；尽量避免出现投影和分散的发丝等。

第 **6** 课

跟踪和稳定运动

跟踪和稳定运动技术被广泛运用于商业宣传片、纪录片、广告以及三维合成特效等的制作中。跟踪合成技术在后期制作中无处不在。

本课主要讲解After Effects中关于跟踪和稳定运动的基本知识。

本课知识要点
◆ 跟踪和稳定运动的概念及应用
◆ 跟踪运动
◆ 跟踪摄像机
◆ 蒙版跟踪
◆ 稳定素材

第1节 跟踪和稳定运动的概念及应用

跟踪和稳定运动是跟踪器面板中的两大分类。

知识点 1 跟踪和稳定运动概念

运动跟踪可以跟踪对象的运动，之后将该运动跟踪数据应用于另一个对象，实现对象跟随实拍场景运动的效果。稳定运动使被跟踪的图层动态化，并对该图层中对象的运动进行补偿，达到稳定效果。可将同一跟踪数据应用于不同的图层或效果，还可对同一图层中的多个对象进行跟踪，如图6-1所示。

图6-1

知识点 2 跟踪器用户界面

在菜单栏中执行"窗口-跟踪器"命令，调出跟踪器面板，如图6-2所示。跟踪摄像机根据实拍场景中的运动画面反向求得摄像机。跟踪运动根据场景里的某个运动物体进行跟踪。变形稳定器移除摄像机晃动以保持画面稳定。稳定运动使实拍场景中运动的对象稳定。

图6-2

知识点 3 跟踪和稳定运动的应用

组合单独拍摄的元素，例如对城堡、飞碟、白云素材和实拍画面进行合成，如图6-3所示。

图6-3

为静止图像添加动画以匹配动态素材的运动，例如为静止的HUD素材或静止的图片添加动画以匹配人物头部和脸部运动，如图6-4所示。

图6-4

使效果动态化并跟随运动的元素，例如为运动中的汽车车牌添加马赛克效果，或为场景中的某个移动元素添加发光效果，如图6-5所示。

图6-5

使画面中的运动对象保持固定，消除手持式摄像机的摇晃，例如使画面中的标牌保持固定，或消除画面中行驶摩托车的抖动效果，如图6-6所示。

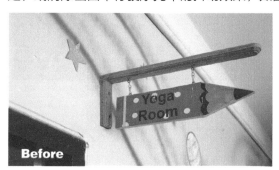

图6-6

第2节 跟踪运动

跟踪运动可以对运动的物体进行跟踪。使用单点跟踪可以跟踪物体的位置，使用双点跟踪可以跟踪物体的位置、缩放或旋转，使用四点跟踪可以进行透视边角定位。

知识点 1 跟踪运动概念

在时间轴面板中选中要跟踪的素材，在跟踪器面板中单击"跟踪运动"按钮，会自动跳转到查看器面板，在查看器面板中设置跟踪点来指定要跟踪的区域，如图6-7所示。

每个跟踪点包含一个特性区域、一个搜索区域和一个关键帧标记点。一个跟踪点集就是一个跟踪器，如图6-8所示。

特性区域是指图层中要跟踪的元素。特性区域应当选择与众不同的可视元素。不管光照、背景和角度如何变化，在整个跟踪期间都必须能够清晰地识别被跟踪的特性。

搜索区域是指查找跟踪特性而要搜索的区域。将搜索限制到较小的搜索区域可以节省搜索时间，但存在所跟踪的特性可能完全不在搜索区域内，而使跟踪点漂移的风险。

关键帧标记点是指定目标的位置（图层或效果控制点），以便跟踪图层中的运动特性，一般选择与周围对比较强烈的位置作为跟踪点。

图6-7

图6-8

选中相应的素材，在跟踪器面板中单击"跟踪运动"按钮，其下方选项被激活，如图6-9所示。

运动源是所要跟踪的素材及素材的名称。

当前跟踪是在图层查看器面板中自动生成的跟踪器，默认为"跟踪器1"，若再次单击"跟踪运动"按钮，则可对当前素材添加"跟踪器2"。

跟踪类型是指要使用的跟踪模式。模式之间的不同之处在于跟踪点的数目及跟踪数据应用于目标图层的方式。"稳定"是指通过生成位置、旋转或缩放关键帧的方式对被跟踪的图层中的运动进行补偿稳定，"变换"是指跟踪位置、旋转或缩放的变化并应用于另一个图层，"透视边角定位"是指跟踪图层中的倾斜、旋转和透视变化。

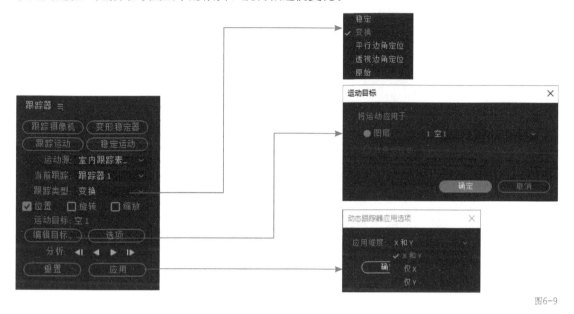

图6-9

编辑目标用于选择要应用跟踪数据的图层。

应用用于将数据应用于目标图层。"仅X"是指将运动目标限定于水平运动,"仅Y"是指将运动目标限定于垂直运动,"X和Y"(默认设置)是指允许沿两个轴运动,通常选择"应用维度"为"X和Y"。

分析是指对源素材中的跟踪点进行帧到帧的分析。可单击"向后分析一个帧"■、"向后分析"◀、"向前分析"▶,或者"向前分析一个帧"▶。当分析正在进行时,"向后分析"和"向前分析"按钮会变为"停止"按钮■,当跟踪发生漂移,或因其他原因失败时,可以单击此按钮停止分析,更正跟踪器后,将继续跟踪。

重置用于恢复特性区域、搜索区域,并将跟踪器恢复默认位置。删除当前所选跟踪中的跟踪数据,已应用于目标图层的设置和关键帧将保持不变。

知识点 2 单点跟踪

在时间轴面板中选中要跟踪的素材,在跟踪器面板中单击"跟踪运动"按钮,默认单点跟踪为跟踪位置,图层查看器面板中会出现"跟踪点1",需设置跟踪点来指定要跟踪的区域。

案例 1 室内跟踪

本案例将通过单点跟踪实现"板子"动画在室内实拍场景中的跟随运动,案例最终效果如图6-10所示。

图6-10

■ 步骤01 导入素材

双击项目面板，找到本课素材包中的"单点跟踪"文件夹，将其中的"室内跟踪素材"导入，如图6-11所示。

图6-11

■ 步骤02 创建合成

拖曳"室内跟踪素材"至"新建合成"按钮上，新建合成，如图6-12所示。

图6-12

■ 步骤03 跟踪运动

在菜单栏中执行"窗口-跟踪器"命令，调出跟踪器面板。在时间轴面板中选中"室内跟踪素材"图层，在跟踪器面板中单击"跟踪运动"按钮，如图6-13所示。

图6-13

■ 步骤04 调整跟踪点并分析

在图层查看器面板中将跟踪点放置在桌角处，调整特征区域和搜索区域。将时间指示器移动至第0秒处，在跟踪器面板中单击"向后分析"按钮，分析完成后选中"室内跟踪素材"图层，按快捷键U可查看分析结果，如图6-14所示。

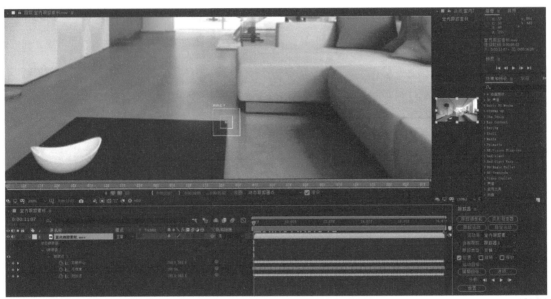

图6-14

■ 步骤05 设置运动目标

在菜单栏中执行"图层-新建-空对象",将空对象移动到桌角处。在跟踪器面板中单击"编辑目标"按钮,在运动目标对话框中选择"空1",在跟踪器面板中单击"应用"按钮;在动态跟踪器应用选项对话框中选择应用维度为"X和Y",如图6-15所示。

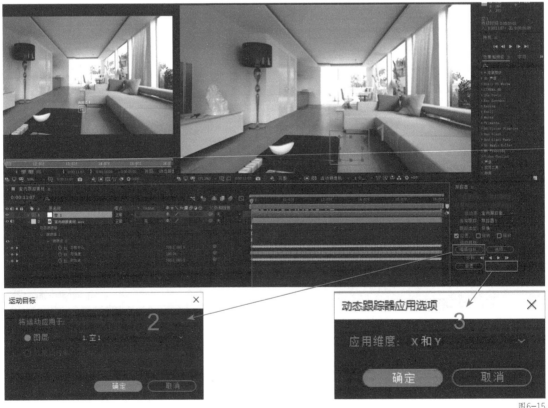

图6-15

■ 步骤06 将跟踪结果应用于指定物体

双击项目面板，找到本课素材包中的"单点跟踪－板子素材"文件夹，将其中的序列帧导入，并拖曳至时间轴面板中。选中"板子"图层，将其链接到"空1"上，如图6-16所示。

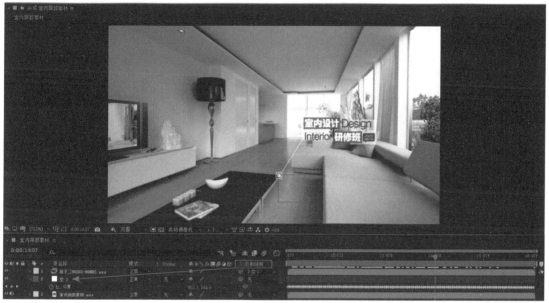

图6-16

知识点3 双点跟踪

在时间轴面板中选中要跟踪的素材，在跟踪器面板中单击"跟踪运动"按钮，勾选"旋转"或"缩放"选项。查看器面板中会出现两个跟踪点，分别设置两个跟踪点来指定要跟踪的区域，如图6-17所示。通常，在所要跟踪的物体有旋转或缩放运动时采用双点跟踪。

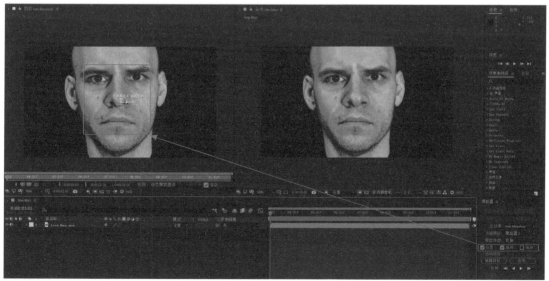

图6-17

案例 2 钢铁侠人脸跟踪

本案例将通过双点跟踪实现HUD素材跟随人脸运动的科技感动画，案例最终效果如图6-18所示。

图6-18

■ 步骤01 导入视频素材

双击项目面板，找到本课素材包中的"双点跟踪"文件夹，将其中的"Iron Man"导入，如图6-19所示。

图6-19

■ 步骤02 创建合成

拖曳"Iron Man"至"新建合成"按钮上，新建合成，如图6-20所示。

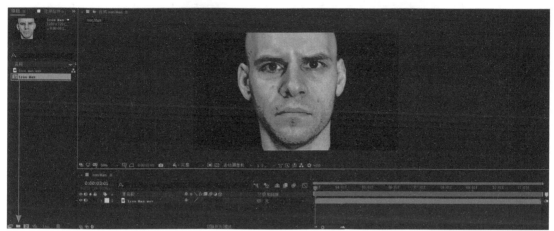

图6-20

■ 步骤03 跟踪运动

在菜单栏中执行"窗口-跟踪器"命令，调出跟踪器面板。在时间轴面板中选中"Iron Man"图层，在跟踪器面板中单击"跟踪运动"按钮，同时勾选"位置"和"旋转"选项，如图6-21所示。

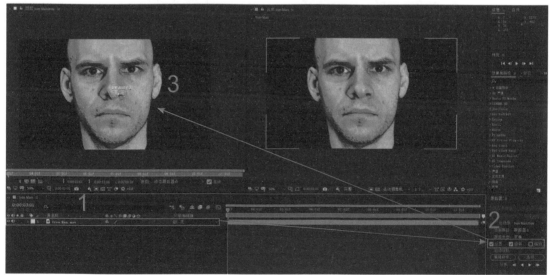

图6-21

■ 步骤04 调整跟踪点并分析

在图层查看器面板中分别将跟踪点放置在两个耳朵处，调整特征区域和搜索区域。将时间指示器移动至第0秒处，在跟踪器面板中单击"向后分析"按钮，分析完成后选中"Iron Man"图层，按快捷键U可查看分析结果，如图6-22所示。

■ 步骤05 设置运动目标

在菜单栏中执行"图层-新建-空对象"命令，将空对象移动到鼻子中间处。在跟踪器面板中单击"编辑目标"按钮，在运动目标对话框中选择"空1"，在跟踪器面板中单击"应用"

按钮；在动态跟踪器应用选项对话框中选择应用维度为"X和Y"。时间轴面板中的"空1"图层的位置和旋转属性上分别自动记录了关键帧，如图6-23所示。

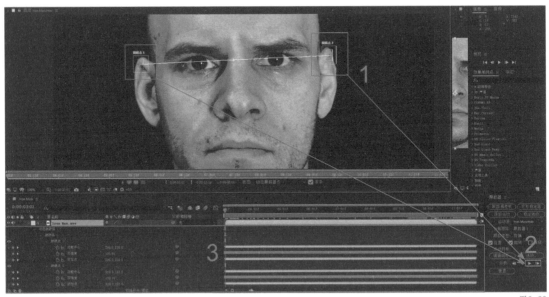

图6-22

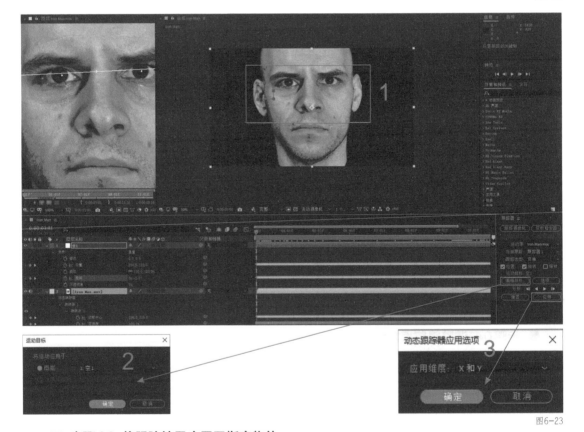

图6-23

■ 步骤06 将跟踪结果应用于指定物体

双击项目面板，找到本课素材包中的"双点跟踪-HUD"文件夹，将其中的序列帧导入，并分别拖曳至时间轴面板中，打开它们的三维开关并摆放至相应位置。选中所有HUD图层，将它们链接到"空1"上，如图6-24所示。

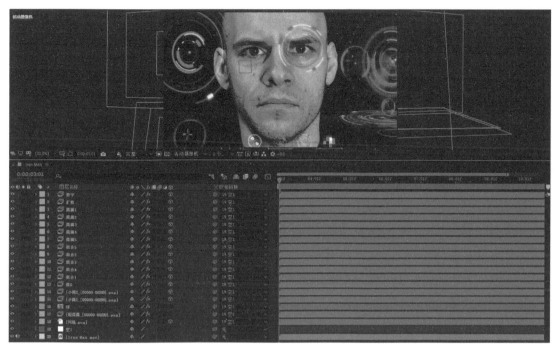

图6-24

■ 步骤07 根据表情变化制作摄像机动画

在菜单栏中执行"图层-新建-摄像机"命令，对其位置制作动画。当人物挑眉时，HUD元素向外扩散；当人物皱眉时，HUD元素向内收缩；当人物向下低头时，HUD元素跟随头部旋转，如图6-25所示。

图6-25

■ **步骤08 统一色调并修饰细节**

选中"Iron Man"图层，创建蒙版并调整羽化属性的参数；执行"效果－颜色校正－曲线"命令，调整通道曲线，使画面偏红；执行"效果－颜色校正－色相/饱和度"命令，降低饱和度，效果如图6-26所示。

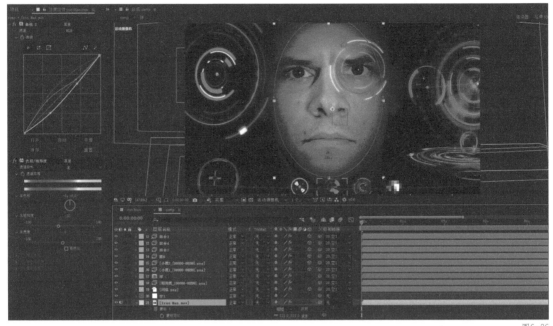

图6-26

在菜单栏中执行"图层－新建－调整图层"命令，将"调整图层1"放置在"Iron Man"图层上层。创建蒙版，圈出眼部区域，并调整羽化属性的参数。在菜单栏中执行"效果－颜色矫正－曝光度"命令，调整相关数值，提亮眼部区域，效果如图6-27所示。

图6-27

图6-27（续）

知识点 4 四点跟踪

在时间轴面板中选中要跟踪的素材，在跟踪器面板中单击"跟踪运动"按钮，在跟踪类型中选择"透视边角定位"，查看器面板中会出现4个跟踪点。通常使用4个跟踪点来进行边角定位的跟踪，例如在手机或电脑屏幕中添加素材，效果如图6-28所示。

图6-28

案例 3 替换电脑屏幕

本案例将运用四点跟踪把电脑屏幕替换成其他的画面，案例最终效果如图6-29所示。

■ **步骤01 导入视频素材**

双击项目面板，找到本课素材包中的"四点跟踪"文件夹，将其中的"电脑"导入，如图6-30所示。

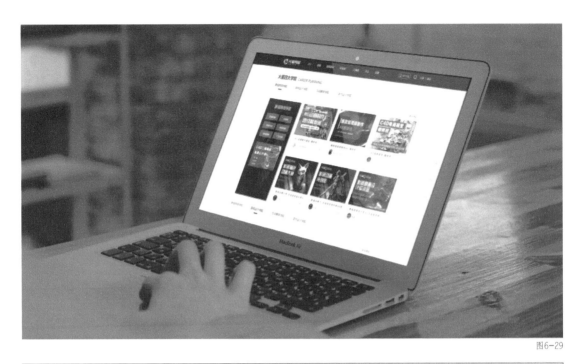

图6-29

图6-30

■ 步骤02 创建合成

拖曳"电脑"至"新建合成"按钮上，新建合成，如图6-31所示。

图6-31

■ 步骤03 跟踪运动

在菜单栏中执行"窗口-跟踪器"命令，调出跟踪器面板。在时间轴面板中选中"电脑"图层，在跟踪器面板中单击"跟踪运动"按钮，将跟踪类型选择为"透视边角定位"，如图6-32所示。

图6-32

■ 步骤04 调整跟踪点并分析

在图层查看器面板中分别将跟踪点放置在电脑屏幕的4个边角处，调整特征区域和搜索区域。将时间指示器移动至第0秒处，在跟踪器面板中单击"向后分析"按钮，分析完成后选中"电脑"图层，按快捷键U可查看分析结果，如图6-33所示。

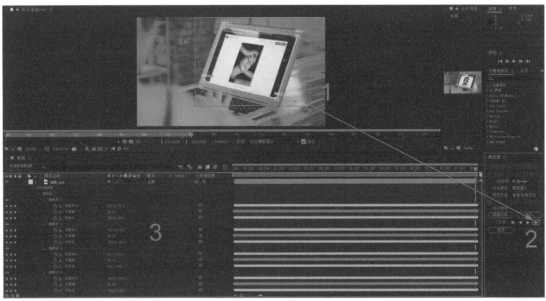

图6-33

■ 步骤05 设置运动目标并应用

双击项目面板，找到本课素材包中的"四点跟踪－板子"文件夹，将其中的序列帧导入。将序列帧拖曳至时间轴面板中，双击"电脑"图层，在跟踪器面板中单击"编辑目标"按钮，在弹出的对话框中选择"板子"，在跟踪器面板中单击"应用"按钮。此时选中"板子"图层会在效果控件面板中出现边角定位特效，同时在"板子"图层中也会有相应的关键帧，如图6-34所示。

图6-34

至此，本节已讲解完毕。请扫描图6-35所示二维码观看本节3个案例的详细操作视频。

图6-35

第3节 跟踪摄像机

跟踪摄像机可以根据实拍场景中运动的画面反向求得摄像机，并根据跟踪结果选择创建文本和摄像机、实底和摄像机或空白和摄像机。

知识点 1 跟踪摄像机概念

选择要跟踪的素材，在跟踪器面板中单击"跟踪摄像机"按钮，效果控件面板中会出现3D摄像机跟踪器选项组，系统自动对当前场景进行分析并解析摄像机，如图6-36所示。

图6-36

通常3D摄像机跟踪器选项组中的设置保持默认即可，解析完成后画面当中会出现跟踪点，如图6-37所示。

在画面中选中任意跟踪点或框选跟踪点后单击鼠标右键，可以创建文本和摄像机、实底和摄像机或空白和摄像机；也可以在效果控件面板中的3D摄像机跟踪器选项组下直接单击"创建摄像机"按钮，得到摄像机反向的最终结果，如图6-38所示。

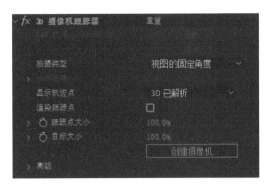

图6-37

图6-38

提示　当跟踪点在画面中不显示时，只需选中效果控件面板中的"3D摄像机跟踪器"即可，若还是没有显示，则单击查看器面板中的"切换蒙版和形状路径可见性"按钮 ⊡。

知识点 2　创建文本和摄像机

在查看器面板中的选中任意一个跟踪点，单击鼠标右键可创建文本和摄像机，为实拍场景中添加跟随场景运动的文字。

案例 1　街道文字

本案例将运用跟踪摄像机使文本跟随实拍画面运动，案例最终效果如图6-39所示。

■ 步骤01　导入视频素材

双击项目面板，找到本课素材包中的"创建文本和摄像机"文件夹，将其中的"街道"导入，如图6-40所示。

图6-39

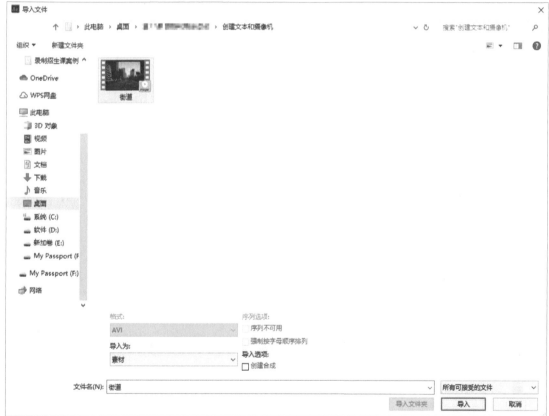

图6-40

■ 步骤02 创建合成

将"街道"拖曳至"新建合成"按钮上，新建合成，如图6-41所示。

图6-41

■ 步骤03 跟踪摄像机

在时间轴面板中选中"街道"图层，在跟踪器面板中单击"跟踪摄像机"按钮，等待自动分析场景和解析摄像机完成，如图6-42所示。

图6-42

■ 步骤04 创建文本和摄像机

在地面的任意一个跟踪点上单击鼠标右键，执行"创建文本和摄像机"命令，如图6-43所示。

■ 步骤05 调整细节

将文本改为"火星时代教育"，调整字体为"方正综艺简体"，调整颜色为"灰白色"。利用表达式和滑块控制的知识复制文字图层制作出厚度效果，如图6-44所示。

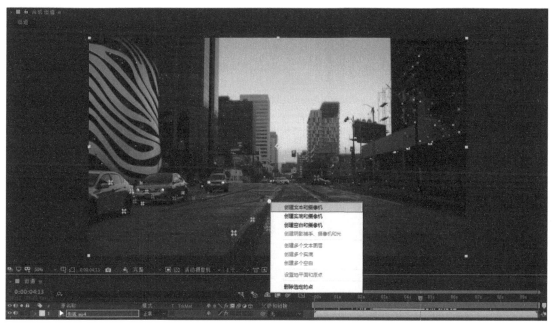

图6-43

图6-44

知识点3 创建实底和摄像机

在查看器面板中的任意一个跟踪点上单击鼠标右键，可创建实底和摄像机。在实拍场景中添加纯色图层，可替换纯色图层使素材跟随实拍场景运动。

案例2 街道对话框

本案例将运用跟踪摄像机使对话框跟随实拍画面运动，案例最终效果如图6-45所示。

图6-45

■ 步骤01 导入视频素材

双击项目面板，找到本课素材包中的"创建实底和摄像机"文件夹，将其中的"街道"导入，如图6-46所示。

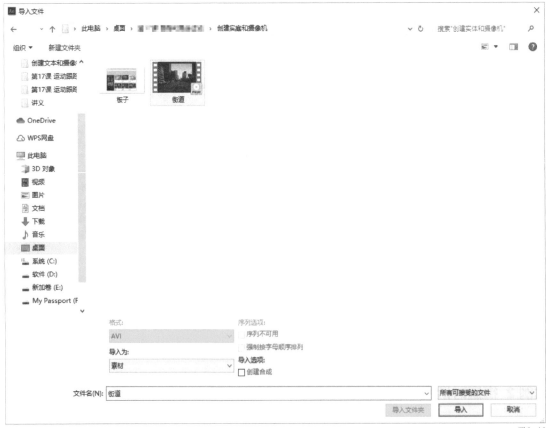

图6-46

■ 步骤02 创建合成

将"街道"拖曳至"新建合成"按钮上，新建合成，如图6-47所示。

图6-47

■ 步骤03 跟踪摄像机

在时间轴面板中选中"街道"图层，在跟踪器面板中单击"跟踪摄像机"按钮，等待自动分析场景和解析摄像机完成，如图6-48所示。

图6-48

■ 步骤04 创建实底和摄像机

在地面的任意一个跟踪点上单击鼠标右键，执行"创建实底和摄像机"命令，如图6-49所示。

■ 步骤05 导入和替换素材

双击项目面板，找到本课素材包中的"创建实底和摄像机"文件夹，将其中的"板子"导入。在时间轴面板中选中"跟踪实底1"，按住Alt键拖曳项目面板中的"板子"素材至时间轴面板中替换"跟踪实底1",并调整其位置和旋转属性的参数,如图6-50所示。

图6-49

图6-50

知识点 4 创建空白和摄像机

在查看器面板中的任意跟踪点上单击鼠标右键,可创建空白和摄像机。在实拍场景中添加空对象,可通过复制空对象并将其粘贴到素材位置的方式,使素材跟随实拍场景运动。

案例 3 虚拟地图路线

本案例将运用跟踪摄像机使路线图、坐标定位和HUD素材跟随实拍画面运动,案例最终效果如图6-51所示。

图6-51

■ 步骤01 导入视频素材

双击项目面板，找到本课素材包中的"创建空白和摄像机"文件夹，将其中的"道路"导入，如图6-52所示。

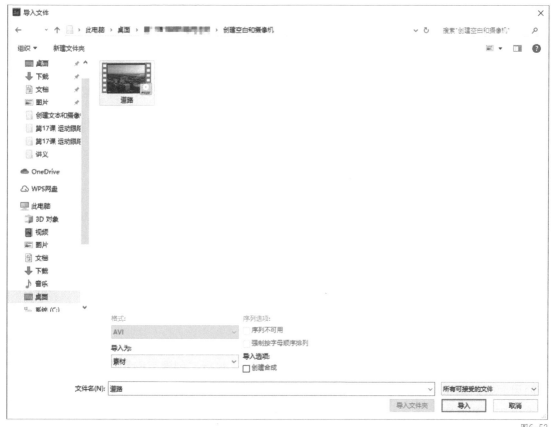

图6-52

■ 步骤02 创建合成

将"道路"拖曳至"新建合成"按钮上，新建合成，如图6-53所示。

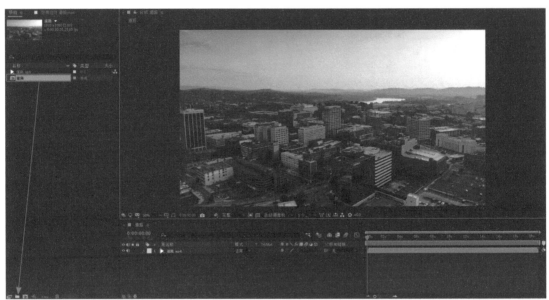

图6-53

■ 步骤03 跟踪摄像机

在时间轴面板中选中"道路"图层，在跟踪器面板中单击"跟踪摄像机"按钮，等待自动分析场景和解析摄像机完成，如图6-54所示。

图6-54

■ 步骤04 创建空白和摄像机

在中间楼房上的任意一个跟踪点上单击鼠标右键，执行"创建空白和摄像机"命令。双击项目面板，找到本课素材包中"创建空白和摄像机"文件夹，将其中的"marker"导入并拖曳至时间轴面板中，打开其三维开关。复制"跟踪为空1"图层的位置属性，粘贴到

"marker"图层的位置属性上。将"marker"图层的混合模式改为"相加",并为其执行"效果-颜色矫正-填充"命令,将颜色调整为"蓝色",如图6-55所示。

图6-55

在场景中的任意一个跟踪点上单击鼠标右键,执行"创建空白"命令,用同样的方式在场景中添加其他的定位点,如图6-56所示。

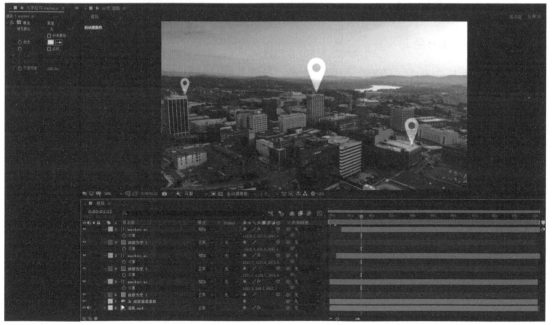

图6-56

■ 步骤05 丰富场景和制作动画

双击项目面板,找到本课素材包中的"创建空白和摄像机"文件夹,将其中的"rotatingshape"和"streetmap"导入并拖曳至时间轴面板中,分别选中两个图层,单击鼠标右键,执行"创建-从矢量图层创建形状"命令,打开它们的三维开关。在两个图层的位置属性上粘贴"跟踪为空1"图层的位置属性,并调整相关数值。为"streetmap"图层添加修剪路径效果并制作生长动画。复制"rotatingshape"图层，摆放至相应位置，并分别制作位置和缩放动画，如图6-57所示。

图6-57

■ 步骤06 统一色调

在时间轴面板中选中"道路"图层，执行"效果-颜色矫正-亮度和对比度"命令，降低亮度属性的数值，使实拍场景与合成素材融合得更好，如图6-58所示。

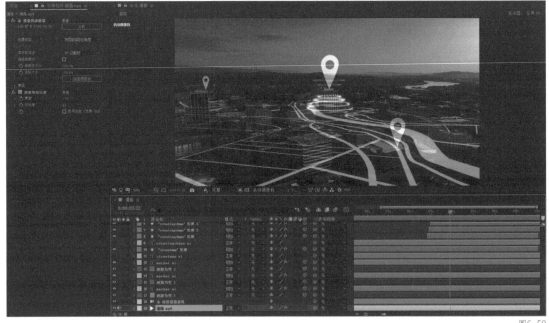

图6-58

至此，本节已讲解完毕。请扫描图6-59所示二维码观看本节3个案例的详细操作视频。

图6-59

第4节 蒙版跟踪

蒙版跟踪是指对场景中物体创建的蒙版进行跟踪，使静态的蒙版动态化并跟随物体运动。蒙版跟踪可以跟踪物体的位置、缩放和旋转，也可以智能跟踪人物的脸部轮廓及五官。蒙版跟踪可完成合成中的遮挡关系，为运动物体某部分添加动态效果，或者实现人物换脸特效。

知识点1 蒙版跟踪概念

要使用蒙版跟踪器，需要先创建蒙版，再使用鼠标右键单击蒙版，执行"跟踪蒙版"命令，在跟踪器面板中会自动切换为蒙版跟踪模式，如图6-60所示。

图6-60

可以选择不同方法来修改蒙版的位置、比例、旋转、倾斜和视角。

在蒙版路径属性的关键帧应用中可看到使用蒙版跟踪器的结果，如图6-61所示。蒙版形状与图层中所跟踪到的变换匹配情况取决于选择的方法。

图6-61

为了进行有效跟踪，跟踪对象必须在整个影片中保持同样的形状，而跟踪对象的位置、比例和视角都可更改。

在进行跟踪操作之前可选中多个蒙版，然后将关键帧添加到每个选定蒙版的蒙版路径属性中。

所跟踪的图层必须是跟踪遮罩、调整图层或预合成的图层，但不能是纯色图层或静止图像。

蒙版跟踪分析会搜索蒙版内部的内容。蒙版扩展属性可扩展或收缩蒙版区域，蒙版羽化属性可羽化蒙版区域，如图6-62所示。

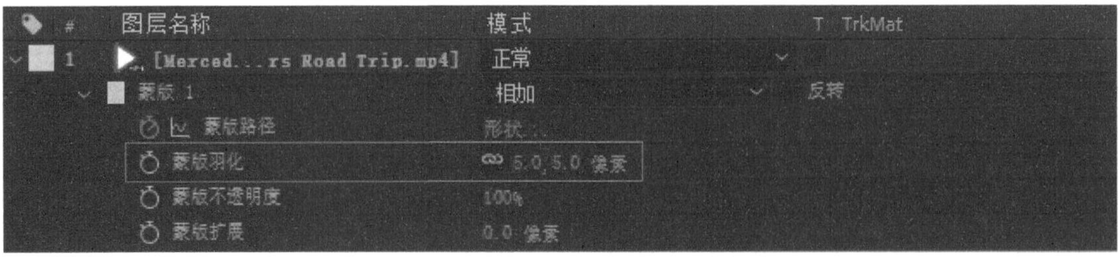

#	图层名称	模式	T TrkMat
1	▶ [Merced...rs Road Trip.mp4]	正常	
	蒙版 1	相加	反转
	蒙版路径	形状...	
	蒙版羽化	5.0,5.0 像素	
	蒙版不透明度	100%	
	蒙版扩展	0.0 像素	

图6-62

知识点 2 位置、缩放及旋转

为素材中某个物体创建蒙版，需要先选中蒙版，然后单击鼠标右键，执行"蒙版跟踪"命令，在跟踪器面板中选择位置、缩放及旋转，可对物体蒙版的位置、缩放及旋转进行动态化跟踪。

案例 1 遮挡

本案例将运用摄像机跟踪为实拍的城市街道加上跟随运动的文字，并运用蒙版跟踪为文字制作遮挡效果，如图6-63所示。

图6-63

■ 步骤01 导入视频素材

双击项目面板，找到本课素材包中的"蒙版跟踪＋摄像机"文件夹，将其中的"城市街道"导入，如图6-64所示。

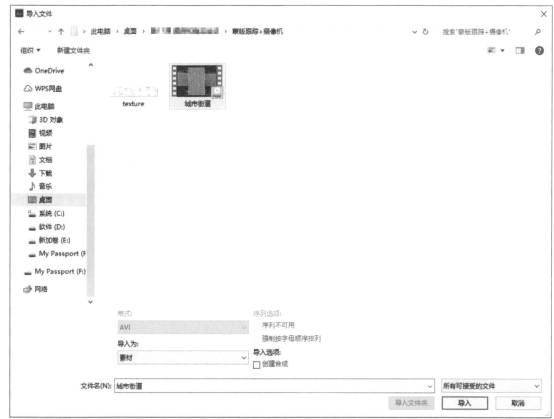

图6-64

■ 步骤02 创建合成

将"城市街道"拖曳至"新建合成"按钮上，新建合成，如图6-65所示。

图6-65

■ 步骤03 跟踪摄像机

在时间轴面板选中"城市街道"图层，在跟踪器面板中单击"摄像机跟踪"按钮，等待自动分析场景和解析摄像机完成，如图6-66所示。

图6-66

■ 步骤04 制作纹理文字

在菜单栏中执行"图层–新建–文本"命令，选中"文字"预合成。双击项目面板，找到本课素材包中的"蒙版跟踪＋摄像机"文件夹，将其中的"texture"导入，并拖曳至"CITY STREETS"图层上层。选中"CITY STREETS"图层，在右侧的"TrkMat"下拉菜单中选择"亮度遮罩"，如图6-67所示。

图6-67

■ 步骤05 创建空白和摄像机

在下方道路的跟踪点上单击鼠标右键，执行"创建空白和摄像机"命令，复制"跟踪为空1"图层的位置属性，粘贴到"文字"图层的位置属性上。将"文字"图层的混合模式改为

"相乘"，并为其添加色调特效，将白色映射到改为"咖色"，如图6-68所示。

图6-68

■ 步骤06 创建和跟踪蒙版

在时间轴面板中复制"城市街道"图层，选中复制得到的"城市街道"图层，将时间指示器拖曳到第0秒处，在工具栏中选择钢笔工具，在查看器面板中为前面的山创建蒙版。

使用鼠标右键单击"蒙版1"，执行"跟踪蒙版"命令。将跟踪器面板中的方法设置为"位置、缩放及旋转"，单击"向前跟踪"按钮，跟踪完成后在蒙版路径中可查看关键帧。针对跟踪飘离的蒙版位置进行更正后再继续跟踪，如图6-69所示。

图6-69

知识点 3 脸部跟踪

脸部跟踪可以精确地检测和跟踪人脸。蒙版跟踪可将效果快速应用于人脸，如颜色校正或模糊人的脸部等。也可以跟踪人脸上的特定点，如瞳孔、嘴和鼻子，从而更精细地处理这些脸部特征，而不必逐帧调整，例如更改眼睛的颜色。

脸部跟踪根据测量的面部特征，可将详细的跟踪数据导出到Adobe Character Animator软件中，以创作基于表演的角色动画。

脸部跟踪在很大程度上可以自动工作，但为了保证效果，应尽量在人脸正面视图的帧上分析，脸上光线充足可提高人脸检测的精确度。

跟踪器面板中有两个脸部跟踪选项，如图6-70所示。

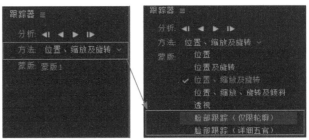

图6-70

案例 2 跟踪脸部轮廓

如果要跟踪的只是脸部轮廓，可以选择"脸部跟踪（仅限轮廓）"。本案例将讲解蒙版跟踪中的"脸部跟踪（仅限轮廓）"的操作方法。

■ 步骤01 导入视频素材

双击项目面板，找到本课素材包中的"脸部跟踪"文件夹，将其中的"人脸"导入，如图6-71所示。

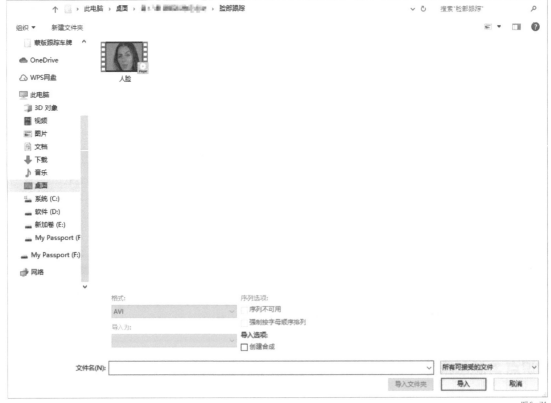

图6-71

■ 步骤02 创建合成

将"人脸"拖曳至"新建合成"按钮上，新建合成，如图6-72所示。

图6-72

■ 步骤03 创建蒙版

在时间轴面板中选中"人脸"，使用椭圆工具绘制蒙版，该蒙版用于定义查找脸部轮廓区域，如图6-73所示。

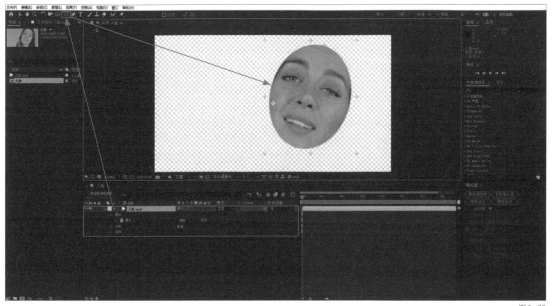

图6-73

■ 步骤04　脸部跟踪（仅限轮廓）

在时间轴面板中将蒙版模式改为"无"。选中"蒙版1"，单击鼠标右键，执行"跟踪蒙版"命令，在跟踪器面板中选择方法为"脸部跟踪（仅限轮廓）"，单击"向前跟踪"按钮▶。完成分析后，在蒙版路径属性中可查看跟踪数据结果，如图6-74所示。

图6-74

案例3　换脸

本案例将运用蒙版跟踪中的"脸部跟踪（详细五官）"方法为实拍人物制作换脸效果，如图6-75所示。

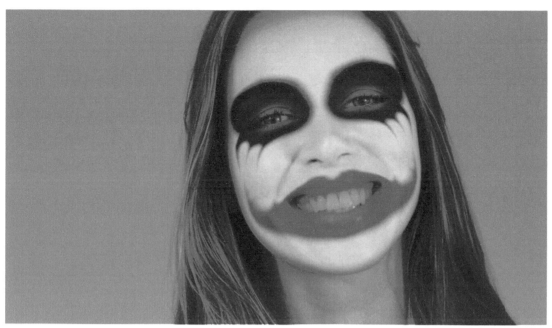

图6-75

■ 步骤01 导入视频素材

双击项目面板，找到本课素材包中的"脸部跟踪"文件夹，将其中的"人脸"导入，如图6-76所示。

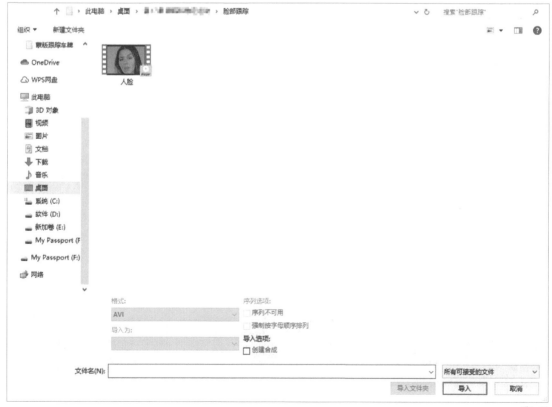

图6-76

■ 步骤02 创建合成

将"人脸"拖曳至"新建合成"按钮上，新建合成，如图6-77所示。

图6-77

■ 步骤03 创建蒙版

在时间轴面板中选中"人脸"，使用椭圆工具绘制蒙版，该蒙版用于定义查找脸部轮廓区域，如图6-78所示。

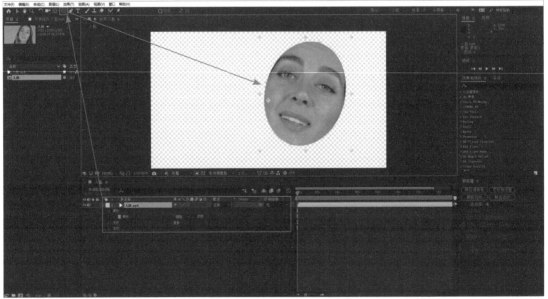

图6-78

■ 步骤04 脸部跟踪（详细五官）

在时间轴面板中将蒙版模式改为"无"。选中"蒙版1"，单击鼠标右键，执行"跟踪蒙版"命令，在跟踪器面板中选择方法为"脸部跟踪（详细五官）"，单击"向前跟踪"按钮▶。完成分析后，在蒙版路径和效果控件面板中可查看跟踪数据结果，如图6-79所示。

图6-79

■ 步骤05 设置静止姿势和提取复制脸部测量值

将时间指示器移动到脸部表情较正常的帧，在跟踪器面板中单击"设置静止姿势"按钮，并单击"提取并复制脸部测量值"按钮，在效果控件面板中可查看结果，如图6-80所示。

图6-80

提示 针对所跟踪的人脸显示的所有测量值都与静止姿势帧相关。

在效果控件面板中脸部测量值选项组下，脸部偏移指示人脸的位置，在静止姿势帧上偏移值为0%；脸部方向表示人脸的三维方向；左、右眼表示左右眼的各个测量点；嘴表示嘴巴的各个测量点。

■ 步骤06 运用跟踪数据

找到本课素材包中的"AE Face Tools Full"文件夹，将其中的文件，按照安装方法完成安装，执行"窗口-扩展-Motion Bro"命令。选中"人脸"图层，在Motion Bro面板中找到合适效果并双击"Apply"按钮，可制作出有趣的效果，如图6-81所示。

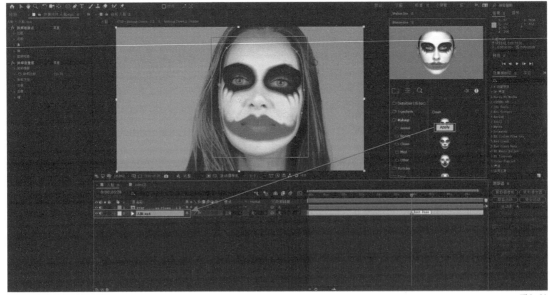

图6-81

至此，本节已讲解完毕。请扫描图6-82所示二维码观看本节3个案例详细操作视频。

图6-82

第5节 稳定素材

跟踪器面板中的变形稳定器或稳定运动可对素材进行稳定，消除实拍素材中不必要的抖动。

知识点 1 变形稳定器

变形稳定器可以用来稳定运动，消除因为摄像机移动而产生的抖动，将抖动的手持式素材效果转换为稳定的平滑拍摄素材效果。

在时间轴面板中选中要稳定的素材，在跟踪器面板中单击"变形稳定器"按钮，效果控件面板中会出现变形稳定器选项组，如图6-83所示，同时自动对素材进行稳定。

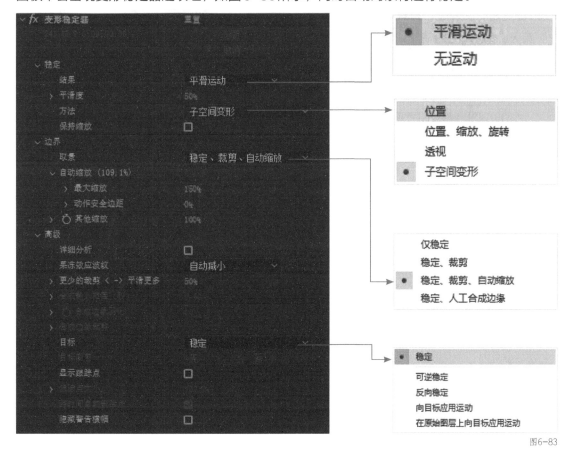

图6-83

1. 稳定

结果默认为"平滑运动"，可以保留原始的摄像机移动且使其更平滑；将其选择"无运动"可以尝试从拍摄中消除所有摄像机运动。

方法用于指定变形稳定器对素材执行的稳定操作，默认为"子空间变形"，可尝试以不同的方式稳定帧的各个部分从而稳定整个画面；如果素材变形或扭曲程度太大，可将其切换为"位置、缩放和旋转"。

2. 显示跟踪点

显示跟踪点用于确定是否显示跟踪点。

3. 隐藏警告横幅

解析摄像机失败时出现的红色横幅，通常不选择隐藏。

案例 1 摩托车稳定

本案例将运用变形稳定器，来稳定视频中的摩托车抖动画面，如图6-84所示。

■ 步骤01 导入视频素材

双击项目面板，找到本课素材包中的"变形稳定器"文件夹，将其中的"摩托车稳定"导入，如图6-85所示。

图6-84

图6-85

■ 步骤02 创建合成

将"摩托车稳定"拖曳至"新建合成"按钮上，新建合成，如图6-86所示。

图6-86

■ 步骤03 添加变形稳定器

在时间轴面板中选中"摩托车稳定"图层，在跟踪器面板中单击"变形稳定器"按钮，等待自动分析场景和解析摄像机完成，如图6-87所示。

图6-87

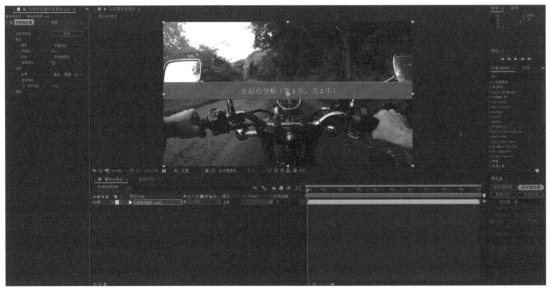

图6-87（续）

知识点 2　稳定运动

稳定运动可跟踪某个特定物体的运动，并将结果应用于被跟踪图层，以针对该运动进行补偿，如消除摄像机抖动。

案例 2　稳定标牌

本案例将运用稳定运动来稳定视频中的标牌，案例最终效果如图6-88所示。

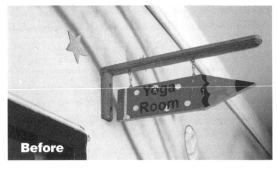

图6-88

■ 步骤01　导入视频素材

双击项目面板，找到本课素材包中的"稳定运动"文件夹，将其中的"标牌"导入，如图6-89所示。

■ 步骤02　创建合成

将"标牌"拖曳至"新建合成"按钮上，新建合成，如图6-90所示。

图6-89

■ 步骤03 稳定运动

在菜单栏中执行"窗口-跟踪器"命令,调出跟踪器面板。在时间轴面板中选中"标牌"图层,在跟踪器面板中单击"稳定运动"按钮,勾选"旋转",如图6-91所示。

图6-90

■ 步骤04 调整跟踪点并分析

在图层查看器面板中分别将两个跟踪点放置在标牌的白点处,调整特征区域和搜索区域。

将时间指示器移动至第0秒处，在跟踪器面板中单击"向后分析"按钮，分析完成后选中"标牌"图层，按快捷键U可查看分析结果，如图6-92所示。

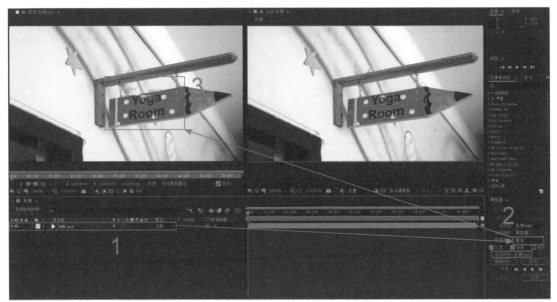

图6-91

图6-92

■ 步骤05 设置运动目标

选中"标牌"图层，在跟踪器面板单击"编辑目标"按钮，在运动目标对话框中选择"标牌"，在跟踪器面板中单击"应用"按钮；在动态跟踪器应用选项对话框中选择应用维度为"X和Y"。在"标牌"图层下自动创建了位置和旋转属性关键帧，对画面中跟踪点所在部分进行补偿，如图6-93所示。

图6-93

■ 步骤06 调整画面

在时间轴面板中选中"标牌"图层，按快捷键S调出其缩放属性，调整缩放属性的数值以调整画面中穿帮部分，如图6-94所示。

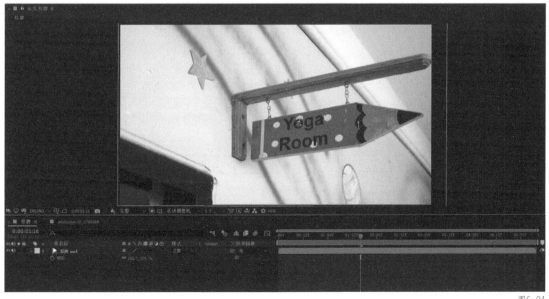

图6-94

至此，本节已讲解完毕。请扫描图6-95所示二维码观看本节2个案例的详细操作视频。

图6-95

第6节　综合案例——赛博朋克风格的未来城市

本案例将运用跟踪知识来实现合成效果动画，案例的最终效果如图6-96所示。

■ 步骤01　素材校色

在Photoshoph中执行"文件-打开"命令，找到本课素材包中的"大案例"文件夹，将其中的"城市夜景"导入，如图6-97所示。

图6-96

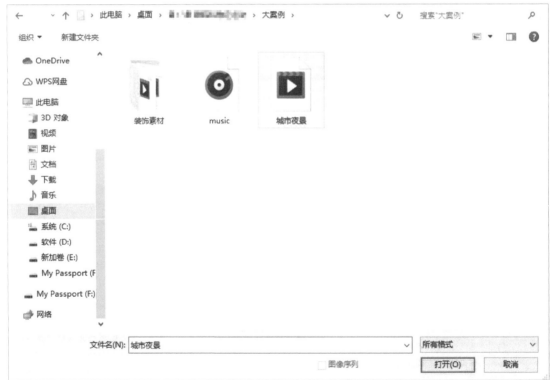

图6-97

在图层查看器面板中选中"图层1"，单击鼠标右键，执行"转换为智能对象"命令，如图6-98所示。

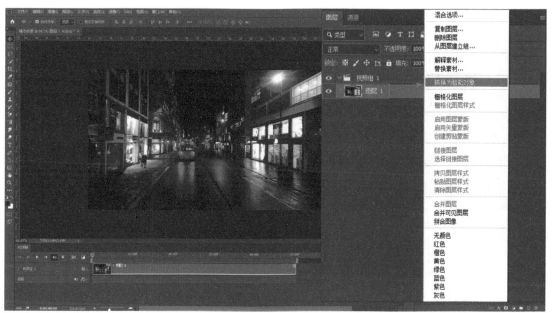

图6-98

选中"图层1",在菜单栏中执行"滤镜-Camera Raw滤镜"命令,分别调整基本、分离色调、细节和HSL调整中的选项,效果如图6-99所示。

图6-99

图6-99　（续）

在菜单栏中执行"文件-导出-渲染视频"命令，在弹出的对话框中修改文件名称并选择
存储位置，单击"渲染"按钮，如图6-100所示。

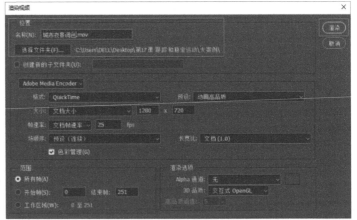

图6-100

■ 步骤02　导入校色后的视频素材

在After Effects中双击项目面板，找到本课素材包中的"大案例"文件夹，将其中的
"城市夜景调色"导入，如图6-101所示。

■ 步骤03　创建合成

拖曳"城市夜景调色"至"新建合成"按钮上，新建合成，如图6-102所示。

图6-101

图6-102

■ 步骤04 跟踪摄像机

在菜单栏中执行"效果-模糊与锐化-锐化"命令,将锐化值调整为"20"。在时间轴面板中选中"城市夜景调色"图层,在跟踪器面板中单击"跟踪摄像机"按钮,等待自动分析场景和解析摄像机完成,如图6-103所示。

图6-103

■ 步骤05 创建摄像机和实底并为场景添加元素

在效果控件面板中的"3D摄像机跟踪器"效果下单击"创建摄像机"按钮，在右边楼房的任意一个跟踪点上单击鼠标右键，执行"创建实底"命令。选中"跟踪实底1"创建预合成，在弹出的对话框中选中第一个选项，将跟踪信息保留至预合成外部，如图6-104所示。

图6-104

进入预合成内部，为场景添加装饰元素（装饰素材在本课素材包中的"装饰素材"文件夹中），使用双查看器的方式实时观察预合成外部情况。安装RealGlow插件，安装完毕后，选中"跟踪实底1 合成1"图层，执行"效果-JAe Tools-Real Glow"命令，并调整相关数值，如图6-105所示。

图6-105

继续在场景中添加更多元素，方法和之前相同，效果如图6-106所示。

■ **步骤06 创建空白并为场景添加元素**

选中车灯上的跟踪点，单击鼠标右键，执行"创建空白"命令，将空白重命名为"车跟踪点"，将本课素材包中的"Logo"和"Logo文字"导入并拖曳至时间轴面板中。复制"车跟踪点"的位置属性并分别粘贴到"Logo"和"Logo文字"的位置属性上，再稍做调整，如图6-107所示。

图6-106

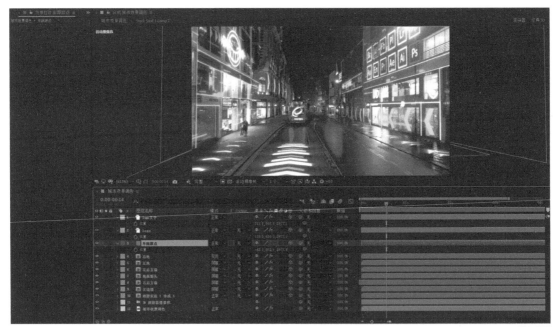

图6-107

继续在场景中添加更多元素，方法和之前相同，效果如图6-108所示。

■ 步骤07　合成背景元素

选中远处天空中的任意一个跟踪点，单击鼠标右键，执行"创建空白"命令，在时间轴面板中单击鼠标右键，执行"新建－纯色"命令。选中"天空轨道遮罩"图层，使用钢笔工具将天空部分画出，如图6-109所示。

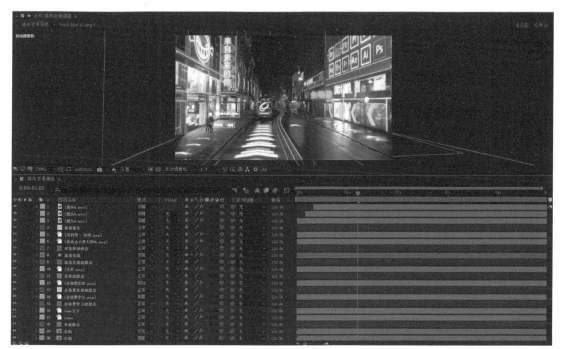

图6-108

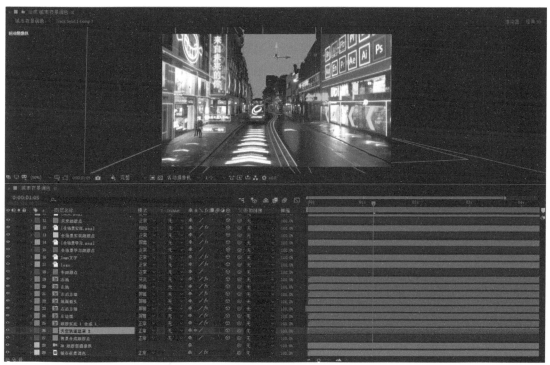

图6-109

　　在本课素材包中找到"星空"，将其导入并拖曳至时间轴面板中"天空轨道遮罩"图层的下层。在"星空"图层右侧的"TrkMat"下拉菜单中选择"Alpha遮罩"，并调整"星空"图层的色相/饱和度、曝光度和锐化，使其与周围环境融合，用同样的方法添加背景天空中的其他元素，如图6-110所示。

图6-110

■ 步骤08　修饰细节

对远处较暗的建筑进行修饰。选中远处建筑上的任意跟踪点，单击鼠标右键，执行"创建空白"命令。使用钢笔工具将楼房外轮廓勾出，复制"楼光线跟踪点"图层的位置属性并粘贴到"楼光线"图层的位置属性上。分别复制"城市背景调色"图层和"天空轨道遮罩"图层，利用轨道遮罩相关知识对楼房进行局部提亮，如图6-111所示。

图6-111

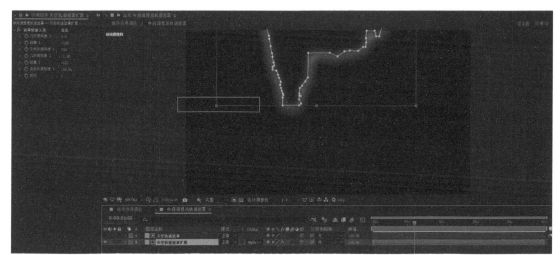

图6-111（续）

至此，本案例已讲解完毕。请扫描图6-112所示二维码观看本案例详细操作视频。

图6-112

本课练习题

操作题

　　找到本课素材包中的"脸部跟踪"文件夹，利用跟踪运动和跟踪蒙版的相关知识，将文件夹中"人脸"素材眼珠的颜色换成红色，素材如图6-113所示。

图6-113

　操作题要点提示　（1）利用跟踪运动将眼睛的跟踪信息读取出来，再将跟踪信息应用于调整图层，为调整图层添加色相/饱和度特效。

　　（2）复制素材，利用跟踪蒙版将眼睛抠出，再为其添加色相/饱和度特效。

第 **7** 课

颜色校正

颜色校正也称为校色，是摄影后期的专用技术术语。在前期拍摄图片或视频时，由于有自然环境光照或者设备等客观因素的影响，因此拍摄出来的一些画面会出现偏色、曝光不足或者曝光过度的现象，这些现象统称为颜色失真。若画面出现颜色失真的情况，就必须对画面进行校色处理，以最大限度地还原它原本的颜色。

本课将讲解有关调色的基础理论及常用的校色应用。

本课知识要点
◆ 颜色的基础理论
◆ 常用的颜色模式
◆ 色阶调色
◆ 曲线调色
◆ 色相/饱和度调色
◆ 颜色平衡调色

第1节 颜色的基础理论

对后期调色来说，理解颜色的基础理论知识是学习调色的基础。因此本节将讲解颜色的光色原理，以及色彩的基本属性与分类。

知识点 1 光色原理

从物理学角度来讲，一切物体的色彩都是由该物体表面反射的光映射到人们眼睛里而被感知的，如图7-1所示。其中一部分光可以为人的视觉器官所接受，并做出反应，通常被称为可见光；另一部分光是人眼所看不见的，称为不可见光。

有光才会有色，光源分为自然光源和人造光源两类。人造光源就是指人类制造出的灯，而灯光由不同频率的色光组成，这些色光依次排列，即所谓的"光谱"。有不同光谱的灯（如白炽灯，荧光灯），其色彩感觉也不同。自然光源就是指太阳，太阳光由400纳米～700纳米不同的波长的连续光波混合而成，通过三棱镜可以分析出光的光谱，即红、橙、黄、绿、青、蓝、紫等可见光，如图7-2所示。

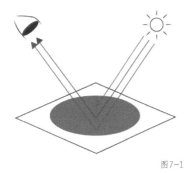

图7-1

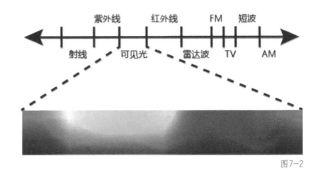

图7-2

知识点 2 色彩分类

在千变万化的色彩世界中，人们视觉能感受到的色彩非常丰富，按种类可以分为原色、间色和复色；就色彩的系别而言，可分为无彩色系和有彩色系两大类。

1. 种类

原色是色彩中不能再分解的基本色彩。原色能合成出其他颜色，而其他颜色不能还原出原色。光的三原色为红、绿、蓝，是最基本的颜色，如图7-3所示。

间色是由两种原色混合得到的色彩，光的三间色是黄色、青色、洋红色，即红色＋绿色＝黄色，红色＋蓝色＝洋红色，绿色＋蓝色＝青色，如图7-3所示。

复色是由两种间色或者一种原色和其对应的间色混合得到的颜色。复色中包含了所有的原色成分，只不过各原色所占的比例不同，所以形成了不同的红灰色、黄灰色、绿灰色等灰色调，如图7-3所示。

2. 色系

有彩色系包括在可见光谱中的所有色彩，以红、橙、黄、绿、青、蓝、紫为基本色。基本色之间的混合、基本色与无彩色之间的混合可以产生出千千万万种色彩，这些色彩都属于有彩色系，如图7-4所示。

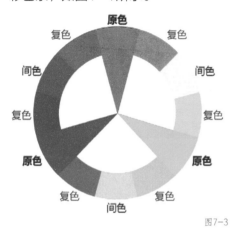

图7-3

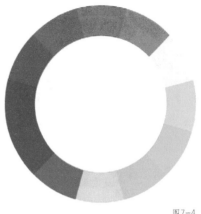

图7-4

无彩色系是指黑色、白色及黑白色相混合得到的不同深浅的灰色系列，它们都不包括在光谱之中，所以是无彩色系，如图7-5所示。

图7-5

知识点3 色彩属性

色相是色彩最基本的属性，指的是每种色彩的相貌、名称。色相是区分色彩的主要依据，如图7-6所示。

饱和度是指色彩中包含的单种颜色成分的多少，即构成色彩的纯度。纯度高的颜色的色彩感觉强烈，即色感强，所以纯度是色彩感觉强弱的标志，如图7-6所示。

明度是指色彩的明暗差别。它有两种含义：一是指同一色调的明暗对比，例如红色、大红色、深红色等都是红色色调，但是有明暗区分；二是指不同色调的明暗对比，例如白色最亮、黑色最暗，如图7-6所示。

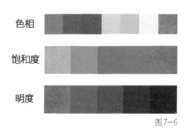

图7-6

知识点4 色彩对比

常用的色彩对比有5种：邻近色对比、类似色对比、中差色相对比、对比色相对比和互补色相对比。

1. 邻近色相对比

邻近色是指色相环上间隔在30°以内的颜色。邻近色色相差很小，色彩对比非常微弱，如黄与微绿黄、黄与微橙黄，绿与微青绿等，如图7-7所示。邻近色搭配起来虽然色彩调和，但画面配色单调，必须借助明度和纯度的变化，或者点缀少量对比色来增加变化。

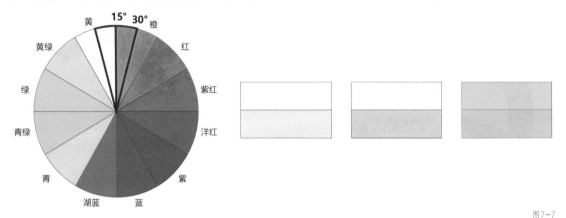

图7-7

2. 类似色相对比

类似色相是指色相环上间隔在30°～60°以内的颜色，如黄与橙、黄与黄绿、青与湖蓝等，如图7-8所示。类似色的色相差比邻近色稍大，但仍保持着色彩上的绝对统一性，主色调倾向明确，又富有一定的变化，是较为常用的色彩构成的方法。如果适当地变化其明度和纯度，或点缀少量的对比色，就能取得较为理想的效果。

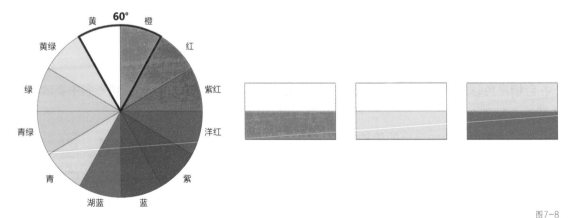

图7-8

3. 中差色相对比

中差色相是指色相环上间隔在90°以内的颜色，如黄与绿、橙与紫红、红与洋红、洋红与蓝、蓝与青、青与绿等，如图7-9所示。中差色相的配合富有变化又不失调和，容易构成统一和谐的色彩关系，也是较为常用的构成方法。

4. 对比色相对比

对比色相是指色相环上间隔在120°以内的颜色，如橙与洋红、红与紫、洋红与湖蓝等，如图7-10所示。对比色构成的色彩对比强烈而醒目，在视觉艺术中具有冲击力，但往往难以实现调和。一般会变化其明度和纯度、强化主调，或者调整面积比例来协调色彩的对比关系。

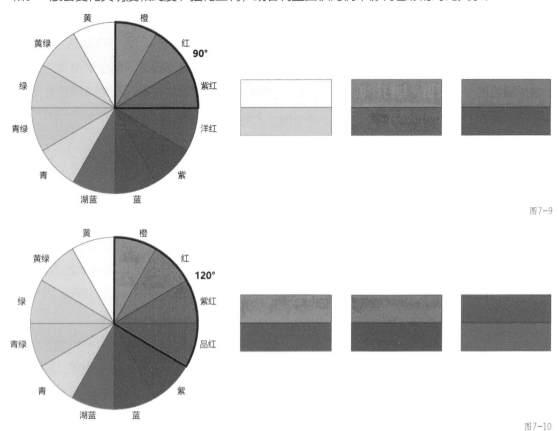

图7-9

图7-10

5. 互补色相对比

互补色相是指色环上间隔180°左右的颜色，如黄与蓝、红与青、绿与洋红等，如图7-11所示。互补色相的配合对比极为强烈，醒目而突出，在视觉生理上有平衡的满足感，但另一方面又会产生粗俗生硬、动荡不安的消极效果。由于对比强烈，必须采取综合调整色彩的明度、纯度及面积比例关系，或者借助无彩色的缓冲协调等方式来达到色调的和谐统一。

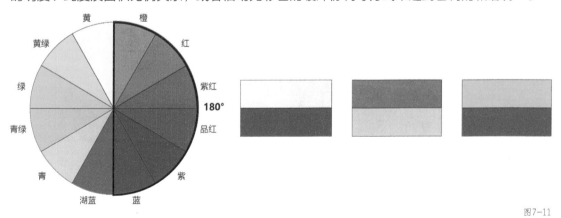

图7-11

第2节　常用的颜色模式

颜色模式是数字世界中表示颜色的一种算法。在数字世界中，为了表示各种颜色，人们通常将颜色划分为若干分量。由于成色原理不同，因此显示器、投影仪、扫描仪这类靠色光直接合成颜色的颜色设备，与打印机、印刷机这类靠使用颜料的印刷设备，在生成颜色方式上也有所区别。不同的颜色模式，适用的范围不同。下面讲解常用的颜色模式。

知识点 1　RGB 颜色模式

在自然界中，所有的颜色都可以用红（Red）、绿（Green）、蓝（Blue）这3种不同波长的颜色组合得到，即光的三原色。

RGB 颜色模式产生的色彩原理是"加色混合"，即由光源发出的色光混合生成颜色。把三原色交互重叠，就产生了三间色：青色、洋红色、黄色。三原色和三间色是彼此的互补色，即彼此之间最不一样的颜色。例如青色由蓝色和绿色混合得到，其中没有红色存在，因此红色与青色就构成了互补色，如图7-12所示。

RGB 颜色模式又称RGB色空间。它是一种色光表色模式，广泛用于我们的生活中，如电视机、计算机显示屏和幻灯片等都是利用光来呈色的。印刷出版中常需扫描图像，扫描仪在扫描时首先提取的就是原稿图像上的RGB色光信息。电视机和计算机的监视器就是基于RGB颜色模式来创建其他颜色的。

知识点 2　CMYK 颜色模式

CMYK 颜色模式是当光照射到一个物体上时，这个物体将吸收一部分光线，并对剩下的光线进行反射，反射的光线就是我们所看见的物体颜色。

CMYK 颜色模式的色彩原理是"减色混合"，这是与其RGB颜色模式的根本不同之处，如图7-13所示。不但我们看物体的颜色时用到了这种减色模式，而且在纸上印刷时应用的也是这种减色模式。

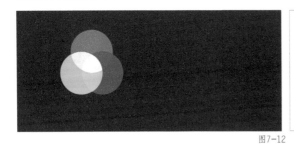

图7-12

图7-13

CMYK代表印刷上用的4种颜色，C代表青色（Cyan），M代表洋红色（Magenta），Y代表黄色（Yellow），K代表黑色（Black）。由光线照到有不同比例C、M、Y、K油墨的纸上，部分光谱被吸收后，反射到人眼的光产生颜色。因为在实际应用中，青色、洋红色和黄色很难叠加形成真正的黑色，最多不过是褐色而已，所以才引入了黑色。黑色的作用是强化暗调，加深暗部色彩。

知识点 3 多通道模式

8位、16位指的是颜色深度，用来度量图像中有多少颜色信息可用于显示或打印像素。

8位模式指的是每一个通道有着256种（2^8）阶度，理论上共有256×256×256种颜色。16位模式指的是每一个通道有着65536种（2^{16}）阶度，理论上共有65536× 65536×65536种颜色。16位图像相比8位图像有更好的色彩过渡，携带的色彩信息更加丰富。

在灰度RGB或CMYK颜色模式下，可以使用16位通道来代替默认的8位通道。但是使用16位通道时，大多数滤镜将停止工作，因为大多数滤镜基于8位图像来运算。另外，16位通道模式的图像不能被印刷。

第3节 色阶调色

在后期调色过程中，整体会分为两个阶段，分别叫作一级调色与二级调色。一级调色处理的是画面的整体色调、对比和色彩平衡。二级调色是对画面特定区域进行进一步的处理。

调色第一步是要评估画面的明暗信息。在After Effects中，色阶是表示图像亮度强弱的指数标准。色阶是指亮度，和颜色无关，最亮的是白色，最暗的是黑色。调整图像的阴影、中间调和高光的强弱，可以校正图像的色调范围和色彩平衡。

知识点 色阶效果

色阶效果可将输入颜色或Alpha通道色阶的范围重新映射为输出色阶的新范围，并由灰度系数值确定数值的分布，从而把控图像整体的明暗比例，如图7-14所示。色阶效果适用于8-bpc、16-bpc和32-bpc颜色。

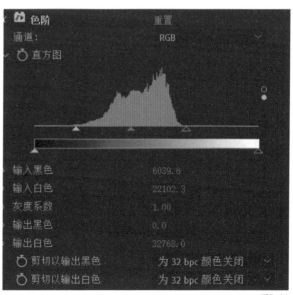

图7-14

1. 通道

通道面板中有4个通道，即红色、绿色、蓝色和Alpha，可以在通道面板中选择要修改的通道进行详细设置，如图7-15所示。

2. 直方图

直方图显示图像中的像素数和各明

亮度数值。当每个明亮度数值都不为0时，会从左向右均匀地分布像素数值，这样的直方图就是利用了完整的色调范围，呈现出的图像明暗关系也是完整分布，如图7-16所示。

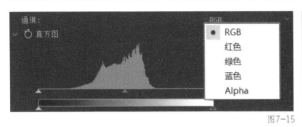
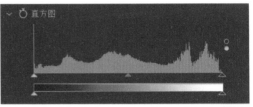

图7-15 图7-16

3. 输入黑色和输出黑色

输入黑色和输出黑色都是指图像中暗部信息，分别由直方图下方左侧的小三角表示，如图7-17所示。

输入黑色指的是设置暗部的色调来调整图像的色调和对比度。增大输入黑色值，可以使图像整体的暗部信息变多，如图7-18所示。

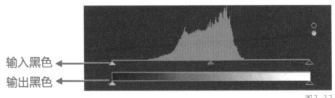

图7-17

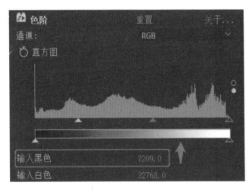

图7-18

减小输入黑色值，可以使整体图像的暗部信息变少，如图7-19所示。

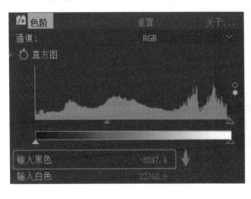

图7-19

输出黑色值决定输入黑色的范围，但是一般不调节输出黑色值。输出黑色值调节的是整体图像的变亮和变暗情况。增大输出黑色值，可以使整体图像变亮，如图7-20所示。

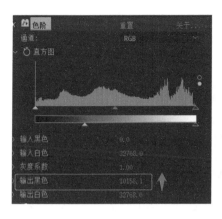

图7-20

减小输出黑色值，可以使整体画面变暗，如图7-21所示。

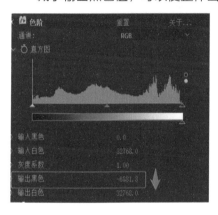

图7-21

4．输入白色和输出白色

输入白色和输出白色都是指图像中亮部信息，分别由直方图下方右侧的小三角表示，如图7-22所示。

输入白色值用于设置亮部的色调，从而调整图像的色调和对比度。增大输入白色值，可以使图像整体的亮部信息变少，如图7-23所示。

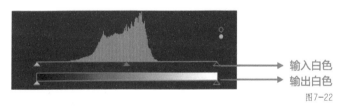

输入白色
输出白色

图7-22

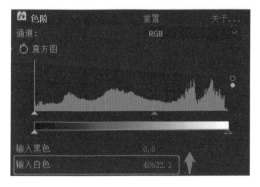

图7-23

减小输入白色值，可以使整体图像的亮部信息变多，如图7-24所示。

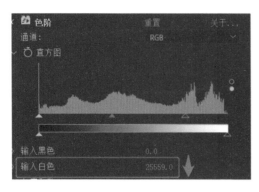

图7-24

输出白色值决定输入白色的范围，但是一般不调节输出白色值。输出白色值调节的是整体图像的变亮和变暗情况。增大白色参数值，可以使整体图像变亮，如图7-25所示。

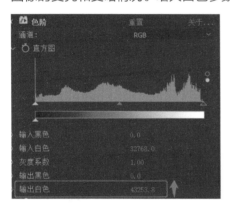

图7-25

减小输出白色值，可以使整体图像变暗，如图7-26所示。

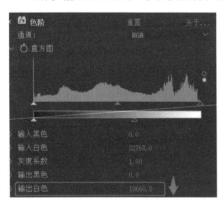

图7-26

5. 灰度系数

灰度系数用于确定输出图像明亮度数值的分布，灰度系数值由直方图下面中间的三角形表示，如图7-27所示。

当灰度系数值大于1时，亮部信息增多，画面对比度减弱，如图7-28所示。

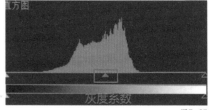

图7-27

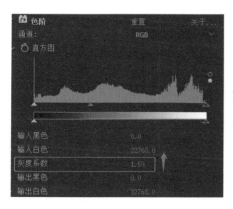

图7-28

当灰度系数值小于1时，暗部信息增多，画面对比度增强，如图7-29所示。

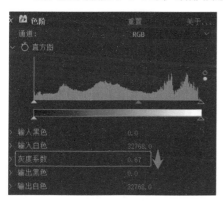

图7-29

以上就是色阶效果的5个基本属性，这5个基本属性使得图像可以进行初步校色，并明确图像的明暗关系。

案例 色阶调色练习

下面通过一个实例来演示如何通过色阶效果进行画面的初步校色。案例最终效果如图7-30所示。可以看到该图像整体明暗关系正常，而原素材整体明暗关系不明确，画面偏灰，所以需要针对原素材对明暗关系进行重新分配。

■ 步骤01 导入素材

导入本课素材包中的"video_01.mp4"文件。在项目面板中将素材拖曳至面板底部的"新建合成"按钮上，创建合成并将素材导入合成，如图7-31所示。

图7-30　　　　　　　　　　　　　　　　　　　　　　　　　　　　图7-31

■ 步骤02 对直方图信息进行分析

观察发现该素材明暗关系不明确，整体偏灰。选中该图层，执行"效果-颜色校正-色阶"命令，进入效果控件面板，观察直方图可以看出该素材没有明确的亮部与暗部信息，如图7-32所示。

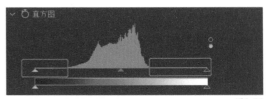

图7-32

■ 步骤03 增加画面暗部信息

为把该素材的暗部加强，将输入黑色值调整为"5898"左右，使暗部信息滑块移动到有暗部信息像素分布的位置，如图7-33所示。

■ 步骤04 增加画面亮部信息

为把该素材的亮部加强，将输入白色值调整为"22100"左右，使亮部信息滑块移动到有亮部信息像素分布的位置，如图7-34所示。

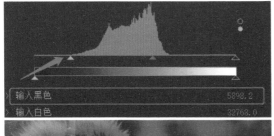
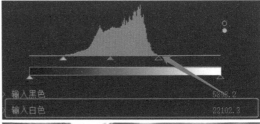

图7-33

图7-34

■ 步骤05 完成校色

将该素材的明暗信息调节完成之后，会观察到该素材不像之前那么灰。该素材明暗对比调节完成，进行渲染输出，如图7-35所示。

在本案例中，图像整体偏灰，明暗关系不明确，调整前要学会观察直方图中像素数和各明亮度数值，然后利用色阶面板中的输入黑色与输入白色选项对画面的暗部与亮部进行正确调节。

图7-35

图7-36

至此，本案例已讲解完毕。请扫描图7-36所示二维码观看本案例详细操作视频。

第4节 曲线调色

在前期拍摄时，由于天气等客观因素或者主观的操作错误，拍摄得到的素材画面可能会出现偏色、过度曝光或者曝光不足等情况。如果需要用到这些素材，就必须对它们进行偏色处理，使画面颜色看起来正常，这就是一级调色中的校正偏色。

知识点 曲线效果

曲线效果可调整图像的色调范围和色调响应曲线。色阶效果也可调整色调响应曲线，但曲线效果的控制力更强。使用色阶效果时，只能使用3个控件（高光、阴影和中间调）进行调整。使用曲线效果时，可以使用通过256点定义的曲线将输入值任意映射到输出值，如图7-37所示。曲线效果适用于8-bpc、16-bpc和32-bpc颜色。

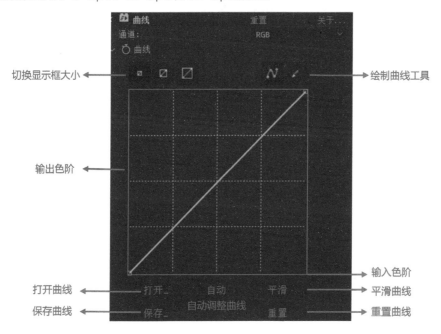

图7-37

1. 通道

通道面板中有4个通道，即红色、绿色、蓝色及Alpha，可以在通道面板中选择要修改的通道进行详细设置，如图7-38所示。

2. 绘制曲线工具

绘制曲线工具分为两种：贝塞尔曲线工具█和铅

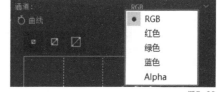

图7-38

笔工具 。

贝塞尔曲线工具 可以在曲线上添加控制点，并且可以移动控制点来调整画面色调。铅笔工具 可以随意绘制曲线。曲线类型由上次用于修改曲线的工具决定。

提示 可以将使用铅笔工具修改的任意图曲另存为 .amp 文件，将使用贝塞尔曲线工具修改的曲线另存为 .acv 文件。

要删除控制点，请按住 Ctrl 键并单击控制点。

3. 输入色阶与输出色阶

图表的水平轴代表像素的原始亮度值（输入色阶），垂直轴代表修改后新的亮度值（输出色阶）。在默认对角线中，所有像素的输入和输出值均相同。曲线将显示"0 ～ 255"范围（8位）内的亮度值或"0 ～ 32768"范围（16位）内的亮度值，并在左侧显示阴影（0）。

提示 "打开"按钮可以打开之前保存的曲线文件或者所需要的曲线预设。

"保存"按钮可以将当前的调整曲线存储起来，以便于以后再次使用。

"自动"按钮可以自动调整曲线效果中的曲线。

"平滑"按钮可以使曲线平滑。

"重置"按钮可以将曲线重置为线条。

案例 曲线调色练习

下面通过一个实例来演示如何通过曲线效果还原偏色素材，案例最终效果如图7-39所示。

可以看到该图像整体颜色正常，而原素材出现偏色现象，整体色调偏黄，所以需要针对原素材对颜色进行重新分配。

■ 步骤01 导入素材

导入本课素材包中的"video_02.mp4"文件。在项目面板中将素材拖曳至面板底部的"新建合成"按钮上，创建合成并将素材导入合成，如图7-40所示。

图7-39

图7-40

■ **步骤02 信息面板设置**

观察图片的颜色信息，在信息面板中单击右上角![按钮]按钮，在弹出来的下拉菜单中选择"百分比"显示模式，如图7-41所示。

> 提示 如果没有找到信息面板，可以执行"窗口-信息"命令，打开信息面板。

■ **步骤03 观察图像的颜色信息**

图像的整体色调比较灰，应该提升图像整体的对比度。将鼠标指针分别移动到图像的暗部、中间调、亮部，在信息面板中得到相应的颜色信息如图7-42所示。通过观察可以发现，暗部的红色值略高，蓝色值略低，校色的时候应该把暗部的红色值降低，蓝色值提高；中间调的红色值需要降低，蓝色值提高；亮部的蓝色值需要提高。

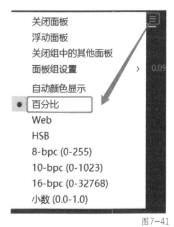

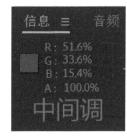
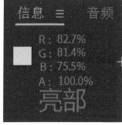

图7-41   图7-42

■ **步骤04 调整整体RGB曲线，增强明暗对比**

选中该图层，执行"效果-颜色校正-曲线"命令。进入效果控件面板，使用贝塞尔曲线工具提高RGB亮部曲线，降低RGB暗部曲线，如图7-43所示。

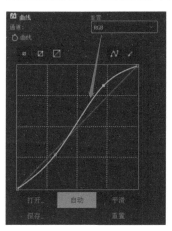

图7-43

■ **步骤05 调整蓝色通道，减少黄色**

在信息面板中观察得到，暗部、中间调、亮部的蓝色值都低，在画面中也发现画面整体偏黄，所以需要减少黄色，增多蓝色。使用贝塞尔曲线工具提高蓝色通道曲线，如图7-44所示。

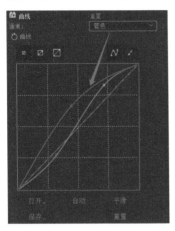

图7-44

■ 步骤06　调整红色通道，减少红色

在信息面板中观察得到，暗部、中间调、亮部的红色值都高，所以需要减少红色，使用贝塞尔曲线工具降低红色通道曲线，如图7-45所示。

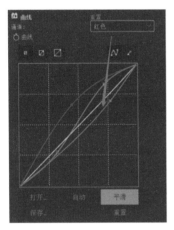

图7-45

■ 步骤07　调整绿色通道，减少高光部分的红色

观察该素材，天空所在的高光部分偏红，所以需要减少红色。之前已经调节过红色通道，减少红色的方法也可以是调节绿色通道，因为绿色的互补色为洋红。高光部分可以通过增多绿色，来达到减少红的效果，所以使用贝塞尔曲线工具提高绿色通道亮部曲线，暗部不变，如图7-46所示。

■ 步骤08　完成校色，渲染输出成片

执行"曲线"命令，增强画面明暗对比。分别针对暗部、中间调、亮部的RGB数值进行分析，依次调节，偏色还原完成，最后进行渲染输出，如图7-47所示。

在本案例中，图像出现整体偏色的情况，掌握曲线效果调色，可以精准地调整色调的平衡和对比度，对偏色素材进行校色。

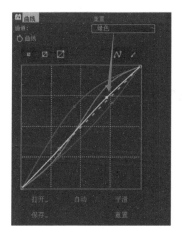

图7-46

至此，本案例已讲解完毕。请扫描图7-48所示二维码观看本案例详细操作视频。

图7-47　　　　　　　　　　　　图7-48

第5节　色相/饱和度调色

　　在调色过程中，一级调色完成之后，接下来就要考虑二级调色，即针对画面特定区域进行进一步的处理。色相/饱和度的重要性体现在多个方面，它不仅是一个整体调色工具，还是一个局部调色工具，可以针对局部色彩进行调节。

知识点　色相 / 饱和度效果

　　色相/饱和度效果可调整图像中单个颜色的色相、饱和度和亮度。此效果原理基于色轮，调整颜色围绕色轮进行转动，调整饱和度或颜色的纯度围绕色轮半径移动，如图7-49所示。色相/饱和度效果适用于8-bpc、16-bpc和32-bpc颜色。

图7-49

1．通道控制

通道控制指的是要调整的颜色通道。通道面板中有6个通道，即红色、黄色、绿色、青色、蓝色及洋红。可以在通道控制面板选择要修改的通道进行详细设置，也可以选择全图对所有颜色进行调整，如图7-50所示。

2．通道范围

上面的颜色条显示调整前的颜色，下面的颜色条显示调整后的颜色，使用调整滑块可编辑任何范围的色相，如图7-51所示。

图7-50

图7-51

3．主色相

若选择红色通道，那么主色相指的就是红色通道的整体色相。使用转盘（色轮）可更改整体色相；还可以输入一个值或拖动滑块，直至对颜色满意为止。框中显示的数值反映像素原来的颜色在色轮中旋转的度数。正值表示顺时针旋转，负值表示逆时针旋转，取值的范围是"-180°～+180°"。

4．主饱和度和主亮度

如红色通道，那么主饱和度、主亮度指的就是红色通道的整体饱和度和亮度，取值的范围是"-100～+100"。

5．彩色化

勾选"彩色化"可以给图像添加颜色。将图像颜色值减少到一种色相，可以使其看起来像双色调图像，如图7-52所示。

案例　色相／饱和度调色练习

下面通过一个实例来演示如何通过色相/饱和度效果，针对图像局部进行色彩调节，案例最终效果如图7-53所示。

图7-52

可以看到该图像中花的部分为橙色，而原图中花的部分为黄色，需要针对花的部分进行调整颜色处理。

■ 步骤01 导入素材

导入本课素材包中的"video_03.mp4"文件。在项目面板中将素材拖曳至面板底部的"新建合成"按钮上，创建合成并将素材导入合成，如图7-54所示。

图7-53

图7-54

■ 步骤02 调整明暗关系

为检查该素材明暗关系是否准确，所以选中该图层，执行"效果-颜色校正-色阶"命令，进入效果控件面板。观察直方图发现该素材暗部信息正常，亮部偏灰，所以将输入白色值调整为"31226"左右，使亮部信息滑块移动到有亮部信息像素分布的位置，如图7-55所示。

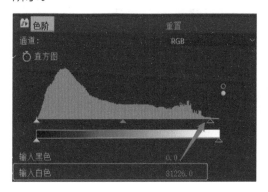

图7-55

■ 步骤03 调节黄色色相

初步校色之后，针对该素材，要把黄色的花调节为橙色，所以选中该图层，执行"效果－颜色校正－色相/饱和度"命令，进入效果控件面板。将通道控制选择为"黄色"，调节主色相值为"-35°"，如图7-56所示。

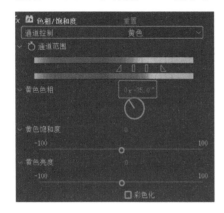

图7-56

■ 步骤04 降低黄色饱和度，调节颜色过渡滑块

调节完黄色色相值，花整体呈现为橙红色。而画面颜色的饱和度过高，需要降低饱和度；为将花的颜色调节为偏橙色，需减少红色。进入效果控件面板，将黄色饱和度调节为"-15"左右；并移动通道范围的颜色滑块，将中间颜色过渡滑块向右移动，偏向黄色多一些，如图7-57所示。

■ 步骤05 调整人物手臂颜色

花的大体颜色调节完之后，观察人物手臂的颜色，发现手臂的颜色呈现冷青色，与整体环境颜色不搭。进入效果控件面板，将通道控制选择为"青色"，调节主色相值为"25°"，如图7-58所示。

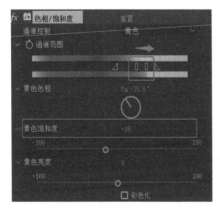

图7-57

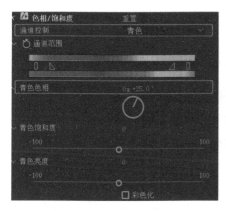

图7-58

■ **步骤06 完成调色，渲染输出成片**

将花的颜色由黄色调节为橙色，人物身体颜色也随着环境的变化，完成调节，最后进行渲染输出，如图7-59所示。

在本案例中，针对局部进行调色时，需要先明确修改的范围，考虑该范围所要调节的颜色通道，然后通过调节色相、饱和度、亮度及颜色滑块等来达到调整局部颜色的效果。

至此，本案例已讲解完毕。请扫描图7-60所示二维码观看本案例详细操作视频。

图7-59　　　　　　　　　　　图7-60

第6节 颜色平衡调色

在后期制作中，除了曲线效果可以调整偏色之外，颜色平衡效果也可以通过对图像的色彩平衡处理，从而校正图像偏色、过饱和或饱和度不足的情况。根据自己的喜好和制作需要，调制需要的色彩，以更好地完成画面效果。

知识点 颜色平衡效果

颜色平衡效果可以使图像的色调平衡，针对图像的暗部、中间调及亮部分为三大部分，这三大部分又从红色，绿色，蓝色3个通道入手，快捷地去修改各个部分的颜色倾向，如图7-61所示。颜色平衡效果适用于8-bpc和16-bpc颜色。

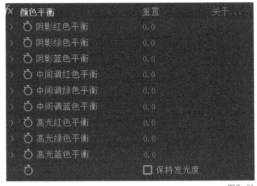

图7-61

1. 红色、绿色和蓝色平衡

颜色平衡效果将阴影、中间调、高光分成3部分，每部分中都有红色、绿色、蓝色平衡。

以阴影部分为例，当将阴影红色平衡数值调节为正数时，可以增加红色，如图7-62所示。

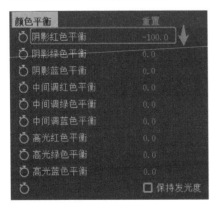

图7-62

当将阴影红色平衡数值调节为负数时，可以减少红色，而当减少红色时，红色的互补色青色便会出现，取值的范围是"-100 ~ +100"，如图7-63所示。

图7-63

当将阴影绿色平衡数值调节为正数时，可以增加绿色，如图7-64所示。

当将阴影绿色平衡数值调节为负数时，可以减少绿色，而当减少绿色时，绿色的互补色洋红色便会出现，数值的范围是"-100 ~ +100"，如图7-65所示。

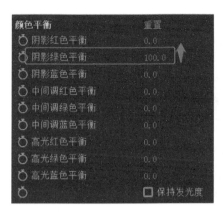

图7-64

图7-65

当将阴影蓝色平衡数值调节为正数时，可以增加蓝色，如图7-66所示。

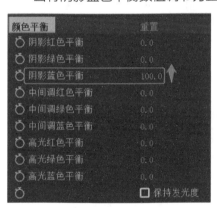

图7-66

当将阴影蓝色平衡数值调节为负数时，可以减少蓝色，而当减少蓝色时，蓝色的互补色黄色便会出现，取值的范围是"-100 ~ +100"，如图7-67所示。

2. 保持发光度

将"保持发光度"勾选，在更改颜色时能够保持图像的平均亮度，这是因为颜色平衡是利用反色原理进行调色的。因为RGB作为加色混合模式存在，所以同时将单个或多个滑块向右拖动，均是趋于白色的，会使图像变亮。勾选"保持发光度"，将只调整单个参数，而不考虑画面同时变亮的情况，如图7-68所示。

图7-67

案例　颜色平衡调色练习

下面通过一个案例来演示如何通过颜色平衡效果还原偏色素材，案例最终效果如图7-69所示。

图7-68

图7-69

■ 步骤01　导入素材

导入本课素材包中的"video_04.mp4"文件。在项目面板中将素材拖曳至面板底部的"新建合成"按钮上，创建合成并将素材导入合成，如图7-70所示。

■ 步骤02　调整明暗关系

为检查该素材明暗关系是否准确，选中该图层，执行"效果–颜色校正–色阶"命令，进入效果控件面板。观察直方图发

图7-70

现该素材暗部偏灰，亮部信息正常，将输入黑色值调整为"1670.5"，使暗部信息滑块移动到有暗部信息像素分布的位置，如图7-71所示。

■ 步骤03　调整素材颜色

初步校色之后，发现该素材偏色严重，整体颜色偏青蓝色调。为把素材恢复到正常的颜

色，选中该图层，执行"效果－颜色校正－颜色平衡"命令，进入效果控件面板，勾选"保持发光度"，保持图像的平均亮度，如图7-72所示。

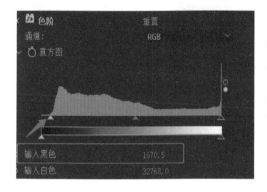

图7-71

■ 步骤04 调节中间调

接下来分别从中间调、暗部及高光部分进行分析调节。观察该素材发现整个画面中间调偏蓝色，所以先将中间调蓝色平衡值调整为"-100"，如图7-73所示。

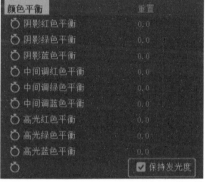

图7-72

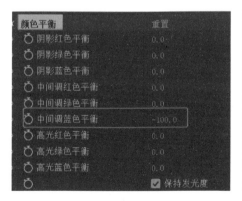

图7-73

■ 步骤05 调节高光

调节完中间调之后，发现高光部分也偏青蓝色，需要减青色、蓝色，可以将高光蓝色平衡值调整为"-55"左右，将高光红色平衡值调整为"-35"左右，如图7-74所示。

■ 步骤06 调节暗部，渲染输出

中间调与高光部分调节完之后，发现该画面暗部偏绿，将阴影绿色平衡值调整为"-8"左右。整体校色完成之后，进行渲染输出，如图7-75所示。

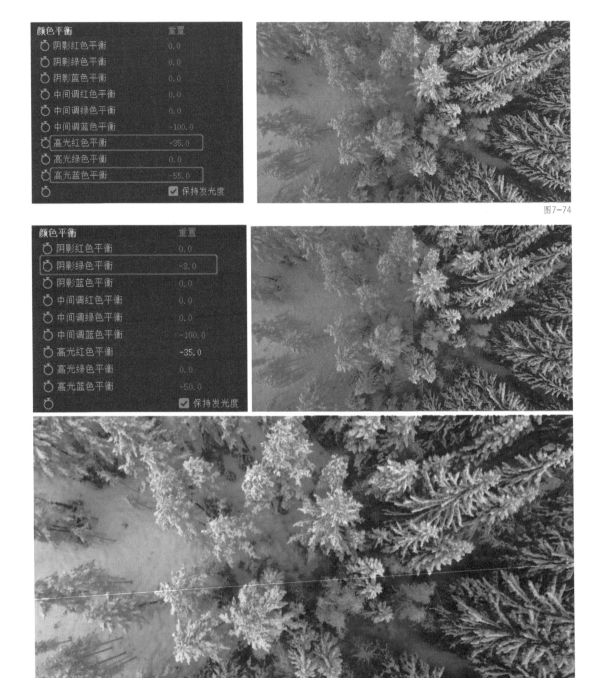

图7-74

图7-75

在本案例中，对偏色素材进行校色是利用颜色平衡效果进行调节的。其中分别针对暗部、中间调及高光部分设置合适的颜色平衡值，调节出所需的颜色倾向。不过使用该效果时，一定要理解"平衡"的关系，即3对互补色，分别是红色和青色、绿色和洋红色、蓝色和黄色。充分了解互补色之后，便可以根据自己的喜好和制作需要调节出合适的颜色。

至此，本案例已讲解完毕。请扫描图7-76所示二维码观看本案例详细操作视频。

图7-76

第7节 综合案例——质感调色

质感调色在影视作品中运用得相当广泛，本案例将运用多种调色效果来实现质感调色。本案例最终效果如图7-77所示。

■ 步骤01 导入素材

导入本课素材包中的"video_05.mp4"文件。在项目面板中将素材拖曳至面板底部的"新建合成"按钮上，创建合成并将素材导入合成，如图7-78所示。

图7-77

图7-78

■ 步骤02 调整项目颜色深度

执行"项目-项目设置"命令，在项目设置对话框中选择颜色选项卡，调整项目颜色深度为"每通道16位"，如图7-79所示。

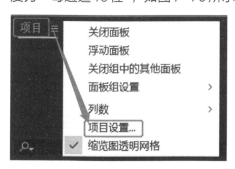

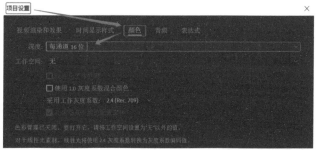

图7-79

> **提示** 直接单击项目面板中的颜色深度，按住Alt键单击颜色深度数值，可切换颜色深度值，如图7-80所示。

图7-80

■ 步骤03 复制原图层，进行去色

选中"video_05.mp4"图层进行复制，并重命名为"video_05.1mp4"，执行"效果-颜色校正-色相/饱和度"命令，进入效果控件面板。为使画面明暗对比更加明显、主体轮廓突出、人物和背景分离，将主饱和度值调整为"-100"，如图7-81所示。

■ 步骤04 修改复制图层的不透明度与混合模式

选中"video_05.1mp4"图层，将其不透明度值调整为"40"，将其混合模式改为"柔光"，如图7-82所示。

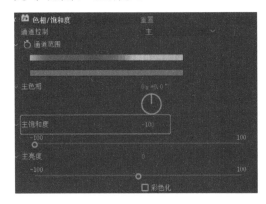

图7-81

■ 步骤05 提高人物饱和度

新建调整图层并命名为"初步调节"，执行"效果-颜色校正-色相/饱和度"命令，进入效果控件面板。为把人物颜色调节得饱和一些，将主饱和度值调整为"20"，如图7-83所示。

■ 步骤06 调整红色通道

选中"初步调节"图层，执行"效果-颜色校正-曲线"命令，进入效果控件面板。为将整体色调调成冷色调，将红色通道的亮部增加，暗部减少，如图7-84所示。

■ 步骤07 调整绿色通道

将绿色通道的亮部增加，暗部减少，如图7-85所示。

图7-82

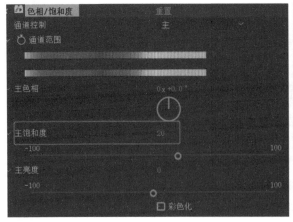

图7-83

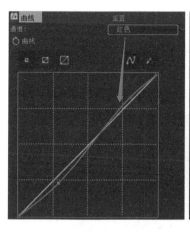

图7-84

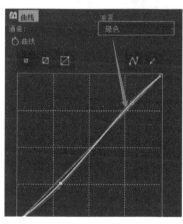

图7-85

■ 步骤08 调整蓝色通道

将蓝色通道的亮部减少，暗部增加，如图7-86所示。

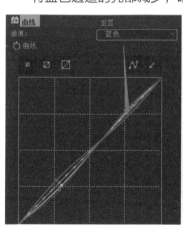

图7-86

■ 步骤09 突出主体，加强锐化

选中"初步调节"图层，执行"效果-模糊与锐化-钝化蒙版"命令，进入效果控件面板。为使主体更加突出，将数量值调整为"150"，将半径值调整为"1"，如图7-87所示。

■ 步骤10 绘制暗角

　　新建调整图层并命名为"暗角"，选择椭圆工具，绘制接近图层大小的椭圆蒙版，勾选"反转"使蒙版反转。选中椭圆蒙版外的内容，再将蒙版羽化值调整到适当大小，使其边缘柔化，如图7-88所示。

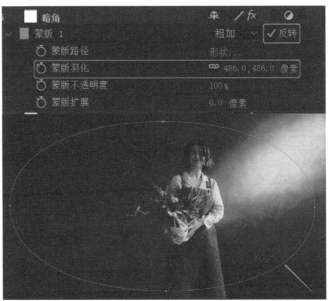

图7-87　　　　　　　　　　　　　　　　　　　　　　　　　　　　图7-88

■ 步骤11 对"暗角"图层执行"曲线"命令，调节曲线

　　选中"暗角"图层，执行"效果-颜色校正-曲线"命令，进入效果控件面板。为把四周颜色压暗，呈现冷色调，将RGB与红色通道整体亮度降低，如图7-89所示。

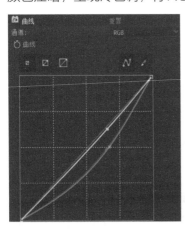

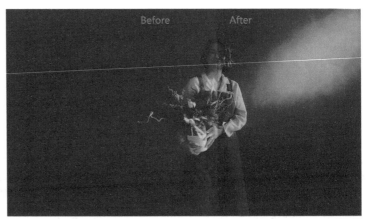

图7-89

■ 步骤12 为画面添加颗粒质感

　　新建调整图层并命名为"颗粒"，执行"效果-杂色与颗粒-添加颗粒"命令，进入效果控件面板。将查看模式选择为"最终输出"，将强度值调节为"0.1"，将大小值调节为"0.05"，如图7-90所示。

图7-90

■ 步骤13 为人物皮肤创建蒙版，制作关键帧动画

新建调整图层并命名为"皮肤"，选择钢笔工具，在女孩皮肤部位创建蒙版，将蒙版羽化值调整到适当大小，使其边缘柔化，如图7-91所示。因为该素材为视频文件，视频中女孩有肢体动作，所以根据女孩的肢体动作在蒙版路径上添加关键帧，如图7-92所示。

■ 步骤14 提亮人物肤色

选中"皮肤"图层，执行"效果-颜色校正-曲线"命令，进入效果控件面板。为把女孩的皮肤颜色调为正常肤色，使用贝塞尔曲线工具将红色通道整体亮度提高，将蓝色通道整体亮度稍微降低，女孩皮肤颜色便恢复正常。最后为把女孩肤色提亮，将RGB通道整体亮度提高，如图7-93所示。

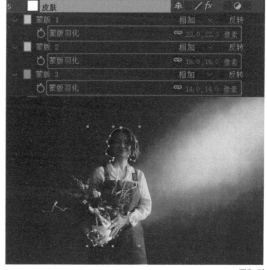

图7-91

图7-92

229

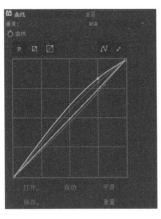

图7-93

■ 步骤15　为背景创建蒙版

新建调整图层并命名为"背景调节"，选择钢笔工具，在女孩所在区域创建蒙版，勾选"反转"使蒙版反转。选中女孩以外的内容，再将蒙版羽化值调整到适当大小，使其边缘柔化，如图7-94所示。

图7-94

■ 步骤16　调节背景颜色

选中"背景调节"图层，执行"效果-颜色校正-颜色平衡"命令，进入效果控件面板。为使背景偏蓝色调，将中间调红色平衡值调整为"-11"，将中间调绿色平衡值调整为"-3"，如图7-95所示。

图7-95

■ **步骤17 添加遮幅，渲染输出成片**

新建纯色图层并命名为"遮幅"，使用矩形工具绘制出上下遮幅。进行渲染，输出成片，如图7-96所示。

至此，本案例已讲解完毕。请扫描图7-97所示二维码观看本案例详细操作视频。

图7-96

图7-97

本课练习题

操作题

参考图7-98所示的效果，使用本课提供的素材（如图7-99所示）进行调色练习。

图7-98

图7-99

操作题要点提示 执行"效果-颜色校正-色相/饱和度"命令，为使黄色花变为橙色花、粉色花变为紫色花，选择"洋红"通道与"黄色"通道调节色相，并移动通道范围。

第 **8** 课

After Effects的优化与工作流程

软件优化可以让After Effects的数据运行速度更快，空出更多的系统资源供软件支配，在更短的时间内完成更多的工作。

过去，在后期制作软件之间共享媒体资源对，需要将其从一个软件中渲染并导出，然后再将其导入另一个软件。现在，After Effects可以和Adobe公司的其他软件（如Premiere、Audition、Media Encoder）进行交互使用。

本课知识要点

◆ 在软件预设中优化After Effects
◆ 丢失素材的查找与替换
◆ 删除无效素材文件
◆ 工程的打包与整理
◆ 与Premiere Pro配合使用
◆ 与Audition配合使用
◆ 与Media Encoder配合使用

第1节 在软件预设中优化After Effects

软件的"首选项"菜单（也就是配置菜单）管理着After Effects中的命令和面板设置，在"首选项"菜单中可以对软件的各项配置进行调整，从而优化软件。

知识点 1 重置首选项

After Effects的许多程序设置都存储在首选项文件中，其中包括常规选项、文件存储选项、性能选项及媒体和磁盘缓存选项等。如果软件出现异常，应先考虑首选项已损坏的可能，然后将首选项恢复为默认设置。

在软件启动前，按住快捷键Shift +Ctrl + Alt不放，使用鼠标右键单击软件应用程序图标，选择"打开"命令，弹出图8-1所示的对话框，单击"确定"按钮，After Effects启动后首选项设置会被重置。

图8-1

执行"编辑-首选项"命令下的任意子命令，可以打开After Effects的首选项面板。

知识点 2 导入选项

帧速率用来确定每秒显示的帧数，以及在时间标尺和时间显示中如何将时间划分给帧。After Effects默认的"序列素材"值是国外常用的"30帧/秒"。

选择"导入"选项，将"序列素材"值更改为我国常用的"25帧/秒"。

在"通过拖动将多个项目导入为"下拉菜单中选择"合成"或"合成-保持图层大小"，可以让拖入After Effects的分层静止图像文件总是作为合成导入。

知识点 3 媒体和磁盘缓存选项

媒体和磁盘缓存选项存储软件里用于预览的帧，默认情况下磁盘缓存处于启用状态。

如果没有足够的空间用于磁盘缓存，After Effects会发出警告。想要After Effects实现更高性能，需要在快速硬盘驱动器或SSD上选择不同于素材的磁盘缓存文件夹，为其分配尽可能多的空间。

选择"媒体和磁盘缓存"选项，根据个人设备情况更改最大磁盘缓存大小，单击"选择文件夹"按钮，将磁盘缓存、数据库和缓存的保存位置更改为比较适合的磁盘文件夹路径。

知识点 4 自动保存选项

自动保存选项用于在工作的同时自动保存项目的副本，可以避免软件使用过程中崩溃等突发情况。

选择"自动保存"选项，"保存间隔"是指自动保存作品的频率，"最大项目版本"是指自动保存的项目副本数量。用户应根据需求修改"保存间隔""最大项目版本""自动保存位置"选项。

知识点 5　脚本和表达式选项

脚本是一系列的命令。使用脚本可以自动执行重复性任务、复杂计算，甚至可以使用一些没有在图形用户界面中直接显示的功能。

选择"脚本和表达式"选项，勾选"允许脚本写入文件和访问网络"，这样 After Effects 在启动时将从"脚本"文件夹中加载脚本。

第2节　丢失素材的查找与替换

由于素材位置移动等原因，在 After Effects 中导入工程文件时，会出现素材已经丢失的情况。导入工程文件，会弹出"文件无法找到"的对话框，如图8-2所示。所有丢失的文件在查看器面板中只显示为彩条，如图8-3所示。

图8-2

图8-3

在项目面板中使用鼠标右键单击丢失素材，执行"替换素材-文件"命令，快捷键为 Ctrl+H（或直接双击），如图8-4所示。

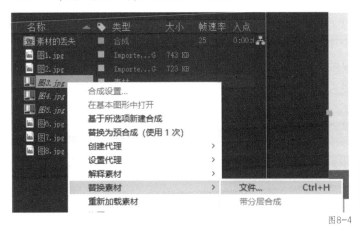

图8-4

找到文件当前位置，单击"导入"，所选中文件和当前位置的其他丢失文件会一并被找，并弹出相应的对话框，如图8-5所示。

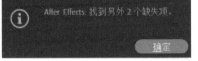

图8-5

第3节 删除无效素材文件

无效的素材文件会占用软件内存和影响软件运行速度,养成定时删除无效素材文件的习惯可以大幅提升工作效率。

执行"文件-整理工程(文件)-删除未使用过的素材"命令,可以移除项目中所有未使用的素材项目,如图8-6所示。

执行"文件-整理工程(文件)-整合所有素材"命令,可以移除项目中所有重复的素材项目,如图8-7所示。

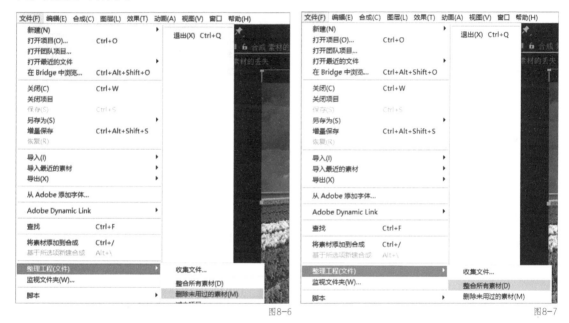

图8-6　　　　　　　　　　　　　　　　　　　　图8-7

提示 只有素材项目使用相同的"解释素材"设置,After Effects才会将其视为重复项。在移除重复项时,引用该重复项的图层将更新为引用其副本。

第4节 工程的打包与整理

在渲染之前执行"收集文件"命令可以将项目或合成中所有文件的副本收集到一个位置,用于存档或将项目移至不同的位置。

(1)执行"文件-整理工程(文件)-收集文件"命令,如图8-8所示,弹出收集文件对话框。

(2)单击"收集"按钮,如图8-9所示,命名文件夹并指定用来存放收集的文件的位置。

(3)After Effects会创建文件夹并将指定的文件复制到其中。文件夹层次结构与项目中的文件夹和素材项目的层次结构相同,新文件夹中包括一个"(素材)"文件夹。

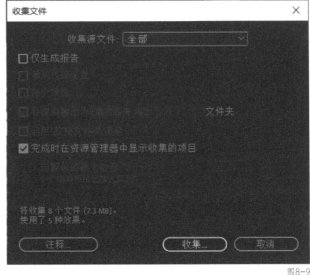

图8-8　　　　　　　　　　　　　　　　　　　　　　　图8-9

第5节　与Premiere Pro配合使用

After Effects负责创建运动图形、应用视觉效果、合成视觉元素、执行颜色校正及影片的其他后期制作任务，Premiere Pro负责捕捉、导入和编辑影片。在主版本号相同的After Effects和Premiere Pro之间创建动态链接可以使两者一起工作，从而提升工作效率。

知识点 1　将 Premiere Pro 序列动态链接到 After Effects 合成

打开Premiere Pro并选择要替换的剪辑，单击鼠标右键，执行"使用After Effects合成替换"命令，如图8-10所示。

After Effects会自动启动并创建一个新的关联合成（如果After Effects已经在运行，则会在当前项目中创建一个关联合成）；在After Effects中对关联合成改变参数、添加效果，Premiere Pro中会实时更新。

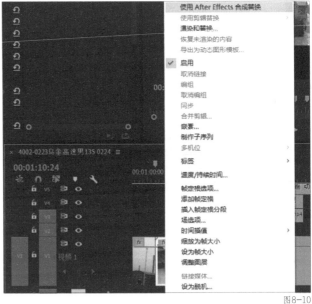

图8-10

知识点 2 在 After Effects 中导入 Premiere Pro 序列

打开After Effects，执行"文件-Adobe Dynamic Link-导入Premiere Pro序列"命令，如图8-11所示。

在弹出的导入Premiere Pro序列对话框中选择需导入的序列，单击"确定"按钮，如图8-12所示。

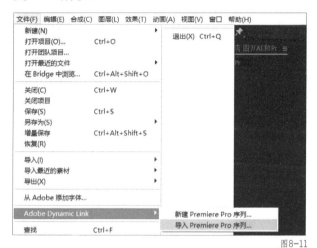

图8-11

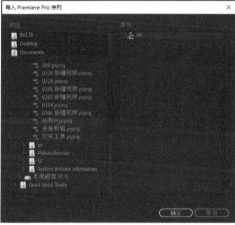

图8-12

Premiere Pro序列会以素材的形式导入After Effects中，如图8-13所示。在Premiere Pro中所做的更改会实时同步显示在After Effects中。

图8-13

知识点 3 After Effects 和 Premiere Pro 间的素材使用

在After Effects的时间轴面板中，可以复制基于音频或视频素材项目（包括实底）的图层，并将其粘贴到Premiere Pro的时间轴面板中。

在Premiere Pro的时间轴面板中，可以复制资源（轨道中的任何项目）并将其粘贴到After Effects的时间轴面板中。

在After Effects或Premiere Pro中，可以将素材项目复制并粘贴到另一个软件的项目面板中。

不能将After Effects项目面板中的素材项目粘贴到Premiere Pro的时间轴面板中。

第6节 与Audition配合使用

After Effects工作时可以使用Audition中更为全面的音频编辑功能来微调音频。

在After Effects中执行"窗口-音频"命令可调出音频面板，快捷键是Ctrl+4。使用

After Effects自带的音频效果，需要执行"效果－音频"命令，然后根据需要进行选择，如图8-14所示，更多情况下会使用Audition编辑音频。

在After Effects中选中要编辑的音频的图层（注意该项目必须属于能够在Audition中编辑的类型），执行"编辑－在Adobe Audition中编辑"命令，如图8-15所示。

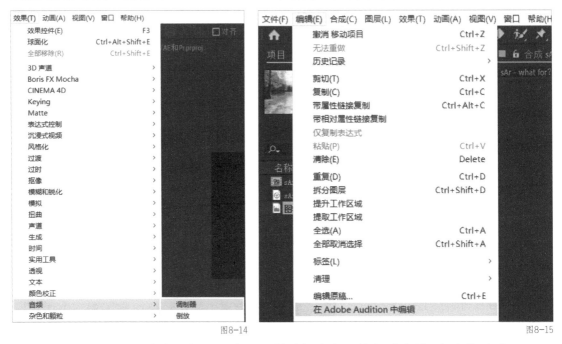

图8-14   图8-15

Audition启动后，会在编辑视图中打开并编辑音频，执行"文件－保存"命令，After Effects中的音频会实时更新。

第7节 与Media Encoder配合使用

在After Effects中渲染和导出影片的主要方式是使用渲染队列面板。选择Media Encoder编码，可以创建压缩用于Web、DVD或蓝光光盘的高品质影片文件。

知识点 1 视频编码与封装

After Effects渲染默认输出AVI格式的文件。AVI格式又称音频视频交错格式，可以将视频和音频交织在一起进行同步播放，图像质量好，可以跨平台使用，但体积庞大。

为便于储存传输，需要对原始的视频进行编码压缩，以去除视频数据中的冗余信息，减小视频文件所占的存储空间。视频编码格式与编码标准密不可分，特定的视频编码格式文件是按照特定的编码标准加工生成的。

视频流传输中最为重要的编解码标准有国际电联的H.261、H.263、H.264，运动静止图像专家组的M-JPEG和国际标准化组织运动图像专家组的MPEG系列标准等。此外，在互联网上被广泛应用的还有微软公司的WMV、Apple公司的QuickTime等标准。

目前网络上使用得较为普遍的是H.264视频压缩标准。虽然H.265/HEVC视频压缩标准已经推出，并且H.265相比H.264能节省40%～50%宽度，但目前H.265编码在浏览器中的硬件解码支持情况并不普及。

视频封装格式就是将已经编码处理的视频数据、音频数据及字幕数据按照一定的方式放到一个文件中。文件扩展名（如MOV、AVI、FLV和F4V）表示封装文件格式，不代表特定的音频、视频或图像数据格式。

知识点 2 Media Encoder 渲染

渲染是指从合成创建影片帧的过程。使用After Effects中的"渲染队列"可以渲染合成，或将After Effects合成直接导出到Media Encoder中。

选择Media Encoder渲染文件，可以使用After Effects"渲染队列"中不可用的其他预设和选项，创建压缩用于Web、DVD或蓝光光盘的高品质影片文件；渲染的同时还可以继续在After Effects中进行操作。

在After Effects中完成合成后，执行"合成-添加到Adobe Media Encoder队列"命令（快捷键为Ctrl+Alt+M），如图8-16所示，启动Media Encoder。

图8-16

Media Encoder启动后，修改文件格式、预设和输出位置，然后单击"启动队列"按钮，Media Encoder开始渲染。

本课练习题

填空题

（1）重置After Effects首选项设置时，应按住快捷键_____，再用鼠标右键单击软件应用程序图标。

（2）在After Effects中查找丢失素材的快捷键为_____。

（3）After Effects与Premiere Pro项目一起工作的前提是_____。

（4）目前网络上使用得较为普遍的视频压缩标准是_____。

参考答案：

（1）Shift +Ctrl + Alt （2）Ctrl +H （3）创建动态链接 （4）H.264